Werkstoffe im Bauwesen | Construction and Building Materials

Reihe herausgegeben von
E.A.B. Koenders, Darmstadt, Deutschland

Die Reihe dient der Darstellung der Forschungstätigkeiten am Institut für Werkstoffe im Bauwesen (WiB) der Technischen Universität Darmstadt. Diese umfassen die aktuell relevanten Bereiche der Baustoffforschung im Spannungsfeld zwischen bauchemischen und bauphysikalischen Problemstellungen. Kernthemen sind die Herstellung, die Dauerhaftigkeit und die Umweltfreundlichkeit neuer Materialien. Die Reihe beschäftigt sich mit neuen wissenschaftlichen Fragestellungen, die den zentralen Anliegen unserer Generation entspringen, wie dem Bestreben nach einer Steigerung der Energieeffizienz, einer Wiederverwendung von Rohstoffen und der Reduzierung der CO_2-Emissionen. Die verfolgten wissenschaftlichen Lösungsansätze liegen auf einer experimentellen mikro- und meso-strukturellen Ebene, wobei die chemischen und physikalischen Zusammenhänge in fundamentalen Modellansätzen münden. Auf dieser Grundlage können hochwertige Innovationen erfolgen, die über einen multiskalaren Ansatz praktisch anwendbar werden.

With this series, the Institute of Construction and Building Materials of the Technical University of Darmstadt has the ambition to publish their current research results arising from synergetic effects among the following research directions: Building materials, building physics and building chemistry. Relevant key issues addressing the processing, durability, and environmental performance of our future materials will be reported. The series covers state-of-the-art progress originating from research questions that address urgent themes like energy efficiency, sustainable reuse of raw materials and reduction of CO_2 emissions. Advanced experimental facilities are used for studying structure-property relationships of building materials. Main objective is to develop cutting edge scientific solutions that comply with actual sustainability requirements. Mechanical-Chemical-Physical interrelationships are employed to develop advanced numerical methods for simulating material behaviour. Multi-scale modelling techniques are implemented to upscale results to a practical macro-scale level.

Weitere Bände in der Reihe http://www.springer.com/series/15577

Kira Weise

Die Reaktivität von Hüttensand als Betonzusatzstoff

Eine thermogravimetrische Systemstudie

 Springer Vieweg

Kira Weise
Darmstadt, Deutschland

Zugl.: Abschlussarbeit, Technische Universität Darmstadt, 2017

Werkstoffe im Bauwesen | Construction and Building Materials
ISBN 978-3-658-20491-4   ISBN 978-3-658-20492-1   (eBook)
https://doi.org/10.1007/978-3-658-20492-1

Die Deutsche Nationalbibliothek verzeichnet diese Publikation in der Deutschen National-
bibliografie; detaillierte bibliografische Daten sind im Internet über http://dnb.d-nb.de abrufbar.

Springer Vieweg
© Springer Fachmedien Wiesbaden GmbH 2018

Gedruckt auf säurefreiem und chlorfrei gebleichtem Papier

Springer Vieweg ist Teil von Springer Nature
Die eingetragene Gesellschaft ist Springer Fachmedien Wiesbaden GmbH
Die Anschrift der Gesellschaft ist: Abraham-Lincoln-Str. 46, 65189 Wiesbaden, Germany

Fordere viel von dir selbst und erwarte wenig von anderen.

[Konfuzius]

Vorwort

Die vorliegende wissenschaftliche Studie entstand als Teil der grundlagenorientierten Forschung zur Reaktivität von Zusatzstoffen in zementösen Systemen am Institut für Werkstoffe im Bauwesen (Technische Universität Darmstadt).

Mein besonderer Dank gilt Frank Röser, der mich vor allem während meiner Arbeitsphase intensiv betreut und jederzeit fachlich unterstützt hat. Auch darüber hinaus bereichert sein umfangreiches Fachwissen und die lehrreichen Diskussionen meine Forschungstätigkeit in erheblichem Maße.

Ebenso danke ich Dr. Neven Ukrainczyk und Prof. Dr.ir. Eddie Koenders für die interessanten und aufschlussreichen Gespräche zur Auswertung und Interpretation meiner Messergebnisse. Jederzeit bin ich mit meinen Fragen bei beiden herzlich willkommen.

Mein abschließender Dank richtet sich von ganzem Herzen an meine Familie, besonders an meine Eltern, die mich auf meinem Weg immer begleiten und mir jederzeit zur Seite stehen.

Kira Weise

Inhaltsübersicht

Inhaltsverzeichnis

Abkürzungsverzeichnis

C	CaO	Calciumoxid
S	SiO_2	Siliciumdioxid
H	H_2O	Wasser
S	SO_3	Schwefeltrioxid
A	Al_2O_3	Aluminiumoxid
F	Fe_2O_3	Eisenoxid
C	$CaCO_3$	Calciumcarbonat

Abbildungsverzeichnis

Tabellenverzeichnis

1 Einleitung

Beton gilt schon seit vielen Jahren als der am häufigsten verwendete Baustoff weltweit. Folglich ist es offensichtlich, dass dem Zementleim, der die reaktive Grundlage des Betons bildet, besondere Bedeutung zukommt. Seine Eigenschaften können durch die Zugabe von Zusatzstoffen nutzbringend beeinflusst werden.

Ein wesentlicher Teil der europäischen Normalzemente enthalten neben Portlandzementklinker weitere Bestandteile, wie Hüttensand, Silikastaub, Flugasche, Kalkstein, gebrannten Schiefer und Puzzolane. Des Weiteren ist die Zugabe von puzzolanisch und / oder latent hydraulisch wirkenden Zusatzstoffen, wie Flugasche, Silikastaub und Hüttensand, zum Beton genormt.

Hüttensand findet in Deutschland seit über 100 Jahren Verwendung als Bestandteil von Zementen. Für diese Anwendung verzeichnet Hüttensand zunehmende Beliebtheit, nicht zuletzt aufgrund seiner ökologischen Vorteile.

Als Zusatzstoff zu Beton wird Hüttensand in Deutschland, anders als in anderen Ländern, kaum verwendet. Vielleicht wird sich dies im Zuge der neusten Überarbeitungen der DIN-Normen ändern. Diese erkennen Hüttensandmehl als Betonzusatzstoff Typ II an und schlagen einen k-Wert für die Anwendung vor. Eine genauere Einteilung in Kategorien für unterschiedliche Anwendungsbereiche und verschiedene Betone ist jedoch nicht gegeben. Aufgrund dieses breiten Verwendungsspektrums ist der k-Wert in Deutschland im internationalen Vergleich sehr niedrig angesetzt. Demzufolge wird das Potential von Hüttensand als Betonzusatzstoff unterschätzt und kann nicht vollends ausgenutzt werden.

Wünschenswert wäre in Zukunft eine Beurteilung der Betonkomponenten anhand ihrer Reaktivität, um dadurch die Grundlage für gewünschte Eigenschaften des Materials zu erhalten. Weitere Forschungen bezüglich der Reaktivität der Ausgangsstoffe sind notwendig, um die Eigenschaften und das Verhalten von Beton gezielt steuern zu können. Erstrebenswert wäre ein effizienterer Einsatz der zur Verfügung stehenden Ressourcen.

In der vorliegenden Arbeit wird das Reaktionsverhalten von Hüttensand als Betonzusatzstoff in Verbindung mit Portlandzement untersucht.

Zunächst werden wichtige Begriffe bezüglich der Thematik erklärt und der Herstellungsprozess von Hüttensand erläutert.

Nachfolgend wird ein Überblick über die bestehenden Normen zur Verwendung von Hüttensand als Zementbestandteil und als Betonzusatzstoff gegeben. Diese werden im Anschluss mit internationalen Regelungen verglichen. Des Weiteren werden wichtige normative Prinzipien zur Anwendung erklärt.

Kapitel 4 legt wesentliche Eigenschaften von Hüttensanden dar.

Anschließend wird analysiert, inwieweit Hüttensand die Eigenschaften des Betons beeinflussen kann.

Der Fokus der Arbeit liegt auf der Reaktivität von Hüttensand in Verbindung mit Zement. Um die komplexen Wechselwirkungen zwischen den Ausgangsstoffen zu verstehen, werden zunächst beide Reaktionsmechanismen einzeln betrachtet. Im Anschluss werden unterschiedliche Modellbildungen aus internationalen Studien erläutert, welche versuchen die Reaktionen beider Materialien zu kombinieren und abzubilden.

Außerdem werden wichtigste Einflussfaktoren auf Hüttensandreaktionen erläutert.

Der Kern der Arbeit wird von einer umfangreichen Versuchsreihe gebildet. Dafür wurden Leimmischungen aus Zement, Hüttensand und Wasser mit unterschiedlichen w/b-Werten (Wasser/Binder-Werten) und Massenanteilen an Hüttensand vorbereitet. Es wurden zwei verschiedene Hüttensande verwendet. Damit die Reaktivität im zeitlichen Verlauf analysiert werden kann, wurde der Hydratationsprozess jeder Leimmischung zu sechs verschiedenen Zeitpunkten (1 Tag, 7, 14, 28, 56, 365 Tage) unterbrochen. Das Hauptaugenmerk der Versuchsreihe lag auf der Durchführung, Auswertung und Interpretation der thermogravimetrischen Analyse, welche in Kapitel 8 dargelegt werden.

Ein kleines Modell zur Berechnung des Gehaltes an Calciumhydroxid in Leimmischungen von Portlandzement, Hüttensand und Wasser rundet diese Arbeit ab.

2 Definition, Herstellung und Verwendung von Hüttensand

2.1 Definition und Herstellung

Den Begriff „Hüttensand" nutzte Passow schon 1902 in seinem Werk „Patent zur Herstellung von Zement aus Schlacke". Nachdem verschiedene Bezeichnungen für das Material benutzt wurden, legte der Verein Deutscher Eisenhüttenleute im Jahre 1954 fest, ausschließlich den Begriff „Hüttensand" zu verwenden[1].

Hüttensand ist ein feinkörniges, glasiges Nebenprodukt der Roheisenherstellung im Hochofen. Er entsteht durch das schlagartige Abkühlen der Hochofenschlacke.

Der Begriff „Schlacke" stammt vom Wort „schlagge" ab und verweist auf die mittelalterliche Metallgewinnung im Rennherd. Dabei wurde der entstandene Klumpen aus Metall und Schlacke mit Holzhämmern bearbeitet („geschlagen"), um beide Stoffe voneinander zu trennen[2].

Der Hochofen wird für die Roheisenherstellung mit sogenanntem Möller und Koks bestückt. Der Möller beinhaltet neben Eisenerz auch Zuschläge, wie zum Beispiel Kalkstein und gegebenenfalls weitere Korrekturstoffe. Beim Schmelzprozess der Roheisenherstellung verbinden sich die Gangart, also die nichtmetallischen Bestandteile des Eisenerzes, mit Zuschlägen und Teilen des Kokses zu einer anorganischen, nichtmetallischen Kalkaluminatschmelze, der Hochofenschlacke[3]. Die nichtmetallischen Bestandteile des Eisenerzes bestehen meist aus Aluminiumoxid und Siliciumdioxid[4]. Das metallische Eisen entsteht unter der Reduktion von Kohlenstoff. Da die Schlacke eine geringere Dichte aufweist als das Eisen, lagert sie sich oberhalb der Eisenschmelze ab[5].

Um Hüttensand herzustellen, wird die Hochofenschlacke schlagartig in Wasser abgekühlt. Bei der Abkühlung der etwa 1500 °C heißen Schmelze auf unter

---

[1] *Ehrenberg*, 2006 (Teil 1): 40.
[2] *Ehrenberg*, 2006 (Teil 1): 38.
[3] *Ehrenberg*, 2006 (Teil 1): 37.
[4] *Tigges*, 2010: 4.
[5] *Tigges*, 2010: 4.

800 °C erstarrt diese schockartig[6]. Dieser Abkühlungsprozess wird auch als „Granulation" bezeichnet. Dabei wird die flüssige Hochofenschlacke mithilfe von Wasser, Luft, Dampf oder anderen Gasen in Granulationsanlagen fein zerteilt. Die Art des Kühlmittels spielt dabei keine Rolle[7]. In Deutschland ist die Nassgranulation am weitesten verbreitet. Bei diesem Prozess wird die Schlacke unter Verwendung von Spritzköpfen und Düsensystemen sehr fein mit Wasser abgekühlt und erstarrt in Tropfen von unter 4 mm Größe[8]. Die Granulationsanlagen sind meist direkt am Hochofen angesiedelt. Sehr wichtig ist die vorherige, sorgfältige Trennung von der Schlacke und dem Roheisen[9].

Abb. 1 stellt den Herstellungsprozess von Hüttensand vereinfacht dar.

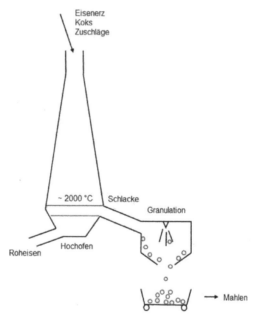

Abb. 1:   Herstellungsprozess von Hüttensand schematisch.

Innerhalb der letzten 125 Jahre konnte in Deutschland eine Konzentration der Hochöfen zur Roheisengewinnung auf wenige Standorte mit gleichzeitiger Produktivitätssteigerung beobachtet werden. Dies hat zur Folge, dass die Vielfalt in der Zusammensetzung des in Deutschland hergestellten Hüttensandes abnimmt. Im Jahre 2006 wurde Roheisen an fünf Standorten in Deutschland gewonnen. Der

---

[6] *Schneider / Meng*, 2002: 47.
[7] *Ehrenberg*, 2006 (Teil 1): 41.
[8] *Schneider / Meng*, 2002: 47.
[9] *Ehrenberg*, 2006 (Teil 1): 41 + 42.

Schwerpunkt der deutschen Hüttensanderzeugung liegt in der Region um Duisburg[10].

Wird die Hochofenschlacke langsam abgekühlt, so entsteht Hochofenstückschlacke. Sie besteht aufgrund der Rekristallisation des Hüttensandes aus kristallinen Phasen[11]. Als kristalliner Hauptbestandteil entsteht vor allem Melilith $(Ca_2(Mg,Al)(Al,Si)_2O_7)$[12]. Die Zusammensetzung kann variieren. Pietersen gibt die allgemeine Formel $C_2A_xM_{1-x}S_{2-x}$ an, wobei x einen Wert zwischen 0.0 und 1.0 annehmen kann und die jeweiligen Oxide abgekürzt werden[13]. Wenn die Schlacke einen höheren Gehalt an Magnesiumoxid aufweist, so entsteht vermehrt Merwinit $(Ca_3MgSi_2O_8)$. Die kristallinen Phasen der Hochofenstückschlacke weisen keine technisch nutzbaren latent hydraulischen Eigenschaften auf[14]. Sie sind thermodynamisch stabil und werden demnach beispielsweise als inertes Material im Straßenbau und in der Bauindustrie verwendet[15].

Der prägende Glaszustand von Hüttensand kann nur erreicht werden, wenn die Abkühlung der Hochofenschlacke schlagartig erfolgt. Diese Thematik wird in Kapitel 4.2. erneut aufgegriffen und näher erläutert.

2.2 Geschichtliche Entwicklung der Verwendung von Hüttensand

Die Hochofenschlacke, welche im Sinne der Roheisenherstellung ein Abfallprodukt darstellt, wurde zunächst auf großen Halden zum Recycling gelagert. Doch schnell erkannten Menschen die Möglichkeit, die Schlacke als Baustoff zu verwenden. Schon 1826 hieß es im „Handbuch für den öffentlichen Unterricht in der Königlichen Bau-Akademie zu Berlin", dass man die sehr dauerhafte Schlacke als Steine im Bauwesen verwenden könne[16].

Im Jahre 1862 entdeckte Emil Langen, Generaldirektor der väterlichen Friedrich-Wilhelms-Hütte in Troisdorf bei Bonn, die latent hydraulischen Eigenschaften der Hochofenschlacke. Er bezeichnete sie als „schätzbares Material", das „außergewöhnlich festen Mörtel liefert".

In Deutschland wird Hüttensand seit über 100 Jahren vorwiegend in der Zementindustrie zur Herstellung von Portlandhütten-, Komposit- und Hochofenzement

---

[10] *Ehrenberg*, 2006 (Teil 1): 39 + 40.
[11] *Schneider / Meng*, 2002: 47.
[12] *Ehrenberg*, 2006 (Teil 1): 43; *Wang / Lee* et al., 2010: 471.
[13] *Pietersen*, 1993: 65.
[14] *Ehrenberg*, 2006 (Teil 1): 43; *Wang / Lee* et al., 2010: 471.
[15] *Tigges*, 2010: 4.
[16] *Ehrenberg*, 2006 (Teil 1): 45.

genutzt[17]. In anderen Ländern ist die Verwendung von Hüttensand als Betonzu-satzstoff weit verbreitet. In nachfolgendem Abschnitt werden beide Verwendungs-arten näher betrachtet.

2.2.1 Verwendung als Zementbestandteil

Zement ist als unverzichtbarer Bestandteil des Betons aus dem Bauwesen heut-zutage nicht mehr wegzudenken. Sein Herstellungsprozess ist jedoch sehr ener-gieintensiv und unterliegt einem hohen CO_2-Ausstoß. Aus Gründen der Nachhal-tigkeit werden Teile des Zementes durch umweltfreundlichere Materialien, wie beispielsweise Hüttensand, ersetzt.

Der Ursprung des Baustoffs Zement liegt schon bei den alten Römern, die Tech-niken von den Griechen zur Herstellung von Gussmauerwerk übernahmen. Ab dem dritten Jahrhundert v. Chr. bauten sie mit Gemischen aus Bruchsteinen, Puz-zolan- und Ziegelmehl, Sand und gebranntem Kalk. Sie bezeichneten diesen Bau-stoff, der als Vorläufer des heutigen Betons gilt, als „Opus Caementitium". Das lateinische „Cementum" lässt sich von dem Wort „caedere" ableiten, was so viel bedeutet wie „schneiden" oder „brechen" und somit Bruchsteine sowie Steinmehl bezeichnet[18]. Die Schreibweise änderte sich im Laufe der Zeit über „Ciment" bis hin zum heutigen „Zement". Lange wurden die feinen Zusatzstoffe, wie beispiels-weise natürliche Puzzolane und vor allem Ziegelmehl, als „Caementum" bezeich-net.

Im 18. Jahrhundert änderte sich die Zuordnung des Begriffes. 1796 ließ Ja-mes Parker ein Produkt mit dem Namen „Romancement" patentieren, welches aus einem tonhaltigen Kalkmergel gebrannt wurde und hydraulisch erhärtete. So-mit wurde erstmals ein eigenständig erhärtendes Bindemittel - und kein Zusatz-stoff - als Zement bezeichnet.

Den heutigen Begriff „Portlandzement" prägte Joseph Aspdin, der 1824 ein Ge-misch aus Kalkstein und Ton patentieren ließ und dieses als „Portland-Cement" bezeichnete. Dieses war in Bezug auf die Zusammensetzung und die Eigenschaf-ten mit dem „Romancement" vergleichbar. Er wählte den Namen, da ein natürli-cher Kalkstein auf der Halbinsel Portland seinen Produkten farblich sehr ähnlich sah. Der Portlandzement wurde im Laufe der Zeit ständig weiterentwickelt und ab 1850 in Deutschland von der Firma Brunkhorst & Westfalen in Buxtehude bei Hamburg hergestellt[19].

---

[17] *Ehrenberg*, 2010: 48; DAfStb, 2007: 55.
[18] Stark / Wicht, 1998: 64.
[19] https://www.vdz-online.de/themen/zement/geschichte-bindemittel/geschichte-des-ze-ments/ (23.05.2016, 15:11).

Im Jahre 1875 veröffentlichte Wilhelm Michaelis erstmals Kriterien zur Beurteilung der Qualität von Zementen. Da sich die Produktion von Zement in Deutschland in dieser Zeit ausweitete, traten 1876 erstmals Vertreter der Zementwerke und des „Deutschen Vereins für Fabrikation von Ziegeln, Thonwaren, Kalk und Cement" zusammen, um einheitliche Anforderungen an die Zementproduktion zu erarbeiten. Resultat der Arbeiten war die erste Norm für Portlandzement, welche zwei Jahre später eingeführt wurde[20].

Parallel zur normativen Verankerung von Portlandzement wurde untersucht, wie sich Hüttensand als Bindemittel durch Zugabe in den Zement verhält. Schon 1876 zeigten Untersuchungen von Wilhelm Michaelis, dass durch die Zugabe von Hüttensand in Portlandzement die Eigenschaften des Zementes verbessert werden können. Auch Passow untersuchte ab 1895 die Verwendung von Hüttensand als Bindemittel.

Ab Anfang der 1870er Jahre wurde Schlackenzement, ein Gemisch aus gemahlenem Hüttensand und Kalkhydrat, hergestellt. Jedoch wurden bald die eingeschränkte Lagerungsfähigkeit und eine geringere Festigkeitsentwicklung im Vergleich zu Portlandzement deutlich. Bessere Eigenschaften konnten in Verbindung mit Portlandzement, statt mit Kalkhydrat, erreicht werden. Dies lässt sich zum einen auf die alkalische Anregung des Hüttensandes durch den Portlandzement und zum anderen auf einen eigenen Festigkeitsbeitrag vom Portlandzement zurückführen.

Im Jahre 1879 wurde erstmals hüttensandhaltiger Zement, als Gemisch aus Hüttensand und Portlandzement, hergestellt[21]. Ab 1880 begann die Produktion von Kalk-Schlackenzement. Trotz einiger Untersuchungen wurde diskutiert, ob die Zumischung von Hüttensand zu Portlandzement als „Verunreinigung" angesehen werden muss, die die Qualität des reinen Portlandzementes verschlechtere. 1885 erklärte der Verein Deutscher Zementfabriken dann, dass eine Zumischung von anderen Stoffen zu Portlandzement verboten sei. Andernfalls könne das Produkt nicht als „Portland-Cement" verkauft werden. Gegner konterten damit, ihren hüttensandhaltigen Zement nun nicht unter dem schlechten Namen „Portland-Cement" verkaufen zu wollen[22].

Im Jahre 1895 wurde eine Obergrenze für den Hüttensandgehalt auf 30 M.-% festgelegt. Dieser Grenzwert war auch in der ersten Eisenportlandzementnorm vorzufinden und entspricht annähernd dem heutigen CEM II/B-S. In der Praxis wurden jedoch auch höhere Werte realisiert. Wenig später stellte P. Prüssing in der Zementfabrik Thuringia in Unterwellenborn Zemente mit einem Anteil von 30 bis

---

[20] https://www.vdz-online.de/themen/zement/geschichte-bindemittel/geschichte-des-zements/ (23.05.2016, 15:11).
[21] *Ehrenberg*, 2006 (Teil 1): 47 + 48.
[22] Stark / Wicht, 1998: 168 + 169.

85 M.-% Hüttensand her. Er vermarktete sein Gemisch aus Hüttensand und Zementklinker als „Hochofenzement". Dieser Begriff ist in der heutigen Norm DIN EN 197-1 zu finden und bezeichnet Zemente mit einem Hüttensandgehalt von 36 und 95 M.-%.

Im Jahre 1908 wurde die Diskussion, ob Zuschläge zu Portlandzement als Verunreinigung oder nutzbringend anzusehen seien, erneut aufgegriffen. Untersuchungen zeigten, dass Eisenportlandzemente und reine Portlandzemente im Allgemeinen als gleichwertig anzusehen seien. Ein Jahr später erschien die erste Eisenportlandzementnorm. 1917 wurde dann die erste Hochofenzementnorm anerkannt.

Die „Deutsche Norm für Portlandzement, Eisenportlandzement und Hochofenzement", welche im Jahre 1932 erschien, vereinigte die drei zuvor bestehenden Zementnormen[23].

Die Eigenschaften hüttensandhaltiger Zemente werden stark von der Qualität des Hüttensandes sowie der Art des Klinkers beeinflusst. Bei der Zementherstellung müssen demnach Qualitätsschwankungen der physikalischen und chemischen Eigenschaften des Hüttensandes erkannt und mithilfe geeigneten Maßnahmen ausgeglichen werden. Hierfür können die Zementwerke beispielsweise die Feinheit des Klinkers oder des Hüttensandes verändern bzw. eine Änderung der Mahlfeinheit des gesamten Zementes vornehmen. Als weitere Maßnahmen können die Zementhersteller den Anteil des Hüttensandes an dem Zement ändern oder die Menge und Zusammensetzung des Sulfatträgers variieren. Die genannten Verbesserungen sollen sich dabei auf die Druckfestigkeit und die Verarbeitbarkeit beziehen. Die Leistungsfähigkeit und Gleichmäßigkeit des Zementes für den Einsatz im Beton darf dabei nicht negativ beeinflusst werden[24].

Hüttensandhaltige Zemente werden vor allem zur Herstellung von massigen Bauteilen verwendet, da der Hydratationsprozess unter einer geringeren Wärmeentwicklung stattfindet[25]. So können Risse infolge unterschiedlicher Temperaturen im Bauteil vermieden werden. Weiterhin finden hüttensandhaltige Zemente vermehrt Verwendung in Transportbeton[26].

---

[23] *Ehrenberg*, 2006 (Teil 1): 48 + 51.
[24] DAfStb, 2007: 63 - 68.
[25] *Schneider / Meng*, 2002: 49.
[26] DAfStb, 2007: 9.

2.2.2   Verwendung als Betonzusatzstoff

Eine weitere Art, Hüttensand zu verwenden, ist dessen direkte Zugabe zum Beton. Dafür wird der Hüttensand separat gemahlen und dem Beton als Zusatzstoff beigefügt[27]. Hüttensand kann zugegeben werden, um Eigenschaften des Betons für bestimmte Anwendungsbereiche positiv zu beeinflussen.

Deutschland war eines der ersten Länder, in dem Hüttensand auch als Betonzusatzstoff Verwendung fand. Erste Entwicklungen diesbezüglich begannen in den 1920er Jahren und erreichten bis in die Mitte der 1960er Jahren ihren Höhepunkt mit dem sogenannten „Thurament"[28]. Dabei handelt es sich um Hüttensand mit einem geringen Anteil an Anregern, vor allem Gips, der als Betonzusatzstoff verwendet wurde[29]. Thurament wurde im Jahre 1923 von der Sächsisch-Thüringische Portland-Cement-Fabrik Prüssing & Co. AG auf den Markt gebracht[30].

Vor der Anwendung des Stoffes fanden jeweils umfangreiche betontechnologische Vorprüfungen statt. Erst 1943 wurde Thurament allgemein baupolizeilich zugelassen[31]. Die Zulassung sieht eine chemische Zusammensetzung des Hüttensandes vor, die nachfolgende Formel erfüllt[32]:

$$\frac{CaO + MgO + Al_2O_3}{SiO_2} \geq 1 \tag{2.1}$$

Diese Voraussetzung an die chemische Zusammensetzung erinnert an die Formel für die Basizität in der DIN EN 197-1 zur Gewährleistung der hydraulischen Reaktivität des Hüttensandes im Zement. Sie wird in Kapitel 3.1. genauer erläutert. Aluminiumoxid wird in der Zulassung für Thurament sowie in der DIN 1164, zusätzlich als reaktivitätssteigernd angenommen.

Der Maximalanteil von Thurament wurde auf 66 M.-% festgelegt[33]. Des Weiteren wurde vorgeschrieben, dass Thurament als Bindemittel nur in Verbindung mit Portlandzementen nach der DIN 1164 verwendet werden durfte[34]. Es konnte bis heute nicht geklärt werden, ob diese Zulassung zurückgezogen wurde und wenn ja, wann dies geschah. Thurament wurde vor allem zur Herstellung massiger Bauteile, wie beispielsweise für Gründungen von Brücken und für den Bau von Pfeilern und Widerlagern, verwendet. Der Einsatz von Thurament für die Betonage von feingliedrigen Stahlbetonbauteilen war untersagt[35]. Der Grund dafür ist ver-

---

[27] *Ehrenberg*, 2006 (Teil 1): 40; *Ehrenberg*, 2010: 48; DAfStb, 2007: 55.
[28] DAfStb, 2007: 44.
[29] DAfStb, 2007: 44.
[30] *Ehrenberg*, 2010: 51.
[31] *Ehrenberg*, 2010: 55.
[32] DAfStb, 2007: 95.
[33] *Ehrenberg*, 2006 (Teil 1): 55.
[34] DAfStb, 2007: 95.
[35] DAfStb, 2007: 44 - 47.

mutlich deren verhältnismäßig größere Oberfläche. Sie begünstigt das Austrock-
nen des Betons, was bei der langsameren Hüttensandreaktion zu Problemen, wie
Rissbildung, führen kann. Ein Beispiel für den erfolgreichen Einsatz von Thurament zeigt die Saale-Talsperre bei Hohenwarte. Bei deren Bau von 1936 bis 1941
wurden 57000 t Thurament verwendet.

Abb. 2:   Saale-Talsperre bei Hohenwarte (Bau: 1936-1941)[36].

Die Verwendung von Hüttensand als Betonzusatzstoff wurde aufgrund von man-
gelnden Erfahrungen lange Zeit über bauaufsichtliche Zulassungen geregelt. Der
Deutsche Ausschuss für Stahlbeton hat 2006 empfohlen, für jeden Hüttensand,
der als Zusatzstoff verwendet werden soll, nach der DIN EN 15167-1 eine allgemeine bauaufsichtliche Zulassung des Deutschen Instituts für Bautechnik (DIBt)
einzuholen. Dieses Verfahren ist sehr zeit- und kostenintensiv, sodass bis 2010
nur eine solche Zulassung vorlag[37].

Die neuste Fassung der DIN EN 206 vereinfacht die Verwendung von Hüttensand
als Betonzusatzstoff erheblich. Sie erkennt Hüttensand als Zusatzstoff Typ II -
puzzolanisch und / oder latent hydraulisch - an und gibt Empfehlungen für die

---

[36] *Ehrenberg, 2010 (Report): 3.*
[37] *Ehrenberg, 2010: 56.*

Anwendung des k-Wert-Ansatzes. Auf die normative Situation wird nachfolgend in Kapitel 3 näher eingegangen.

In anderen Ländern ist die Verwendung von Hüttensand als Betonzusatzstoff schon länger Stand der Technik; bezüglich der Anwendung und der existierenden Regelwerke. Einige Länder, in denen Hüttensand als Zusatzstoff Verwendung findet, sind Großbritannien, Niederlande, Belgien, Finnland, Frankreich, Kanada, Australien, Schweden, Irland, USA, Südafrika, China und Japan.

In Kanada wird Hüttensandmehl seit 1976 als Betonzusatzstoff eingesetzt und ist heute der in Ontario meist verwendete Zusatzstoff für Beton. Das Transportministerium dort begrenzte den Gehalt an Hüttensand bei einer Frost-Tausalz-Gefährdung auf maximal 25 M.-%. Diese Begrenzung lässt sich durch den negativen Einfluss des Hüttensandes auf den Frost- und Tausalzwiderstand erklären (Kap. 5.4, S. 40).

In Südafrika wird Hüttensandmehl seit etwa 40 Jahren als Betonzusatzstoff verkauft. Der dort als „Slagment" bezeichnete Hüttensand wird vorwiegend mit Austauschraten von 50 bis 70 M.-% verwendet. Hüttensandhaltiger Beton wird in dieser Region beispielsweise für Fundamente von Häusern und Fahrbahndecken verwendet und fand Einsatz beim Bau der Landebahn des Flughafens von Pretoria.

In China wurde im Jahre 2000 der Standard GB/T-18046 für die Verwendung von Hüttensandmehl in Beton eingeführt. Das Land gilt heute als der „weltweit bedeutendste Erzeuger und Verwender von Hüttensand"[38].

In den USA wird Hüttensand seit mehreren Jahren erfolgreich als Betonzusatzstoff eingesetzt. Er findet dort vor allem Verwendung in der Herstellung von Konstruktionsbetonen und im Straßenbau. In einigen Staaten wurde die maximale Austauschmenge auf 50 M.-% begrenzt. Der Maximalgehalt ist jedoch stark von der Umgebungstemperatur und der Jahreszeit abhängig. Bei wärmeren Temperaturen werden höhere Hüttensandgehalte zugelassen[39]. Dies lässt sich auf die temperaturempfindliche Hüttensandreaktion zurückführen, welche bei niedrigen Temperaturen weiter verlangsamt wird.

In Großbritannien und Irland beispielsweise wird Hüttensandmehl fast ausschließlich als Betonzusatzstoff eingesetzt. Dort – in Großbritannien - wurde Hüttensandmehl erstmalig 1960 produziert und im Jahre 1972 als offizieller Betonzusatzstoff anerkannt. Hüttensandhaltige Betone werden seitdem vor allem für Landesstege im Meer, Kaimauern, Staudämme und beim Bau von Brücken und Schleusen verwendet. Hierbei sind vor allem die niedrige Hydratationswärme sowie der erhöhte Sulfatwiderstand von Vorteil.

---

[38] DAfStb, 2007: 21, 47 - 51.
[39] DAfStb, 2007: 21, 52.

In den Niederlanden und in Belgien fand die Entwicklung des Hüttensandes hin zum Zusatzstoff erst in jüngerer Zeit statt. Der Einsatz von Hüttensandmehl als Betonzusatzstoff wird in den Niederlanden in der nationalen Beurteilungsrichtlinie BRL 9340 geregelt. Hüttensandhaltige Betone werden dort unter anderem im Straßenbau, für Fundamente von Windenergieanlagen und für Unterwasserbeton verwendet.

Im Allgemeinen lässt sich festhalten, dass Hüttensand als Betonzusatzstoff vor allem in Massenbetonen mit Austauschraten von bis zu 80 M.-% verwendet wird, da eine geringere Hydratationswärmeentwicklung thermisch bedingte Risse reduziert. Ein weiteres bedeutendes Anwendungsgebiet stellt der Straßenbeton dar. In Frankreich beispielsweise wird Hüttensand ungemahlen im Straßenbau eingesetzt[40]. Dabei spielt vor allem die Vermeidung der schädigenden Alkali-Kieselsäure-Reaktion eine bedeutende Rolle. Für diese Verwendung ist teilweise, beispielsweise in Kanada, der Gehalt des Hüttensandes begrenzt, da ein verringerter Frost-Tausalz-Widerstand negative Auswirkungen haben könnte. Auf die Widerstandsfähigkeit von hüttensandhaltigen Betonen gegenüber Alkali-Kieselsäure-Reaktionen und auf das Verhalten bei Frost- und Tausalzangriffen wird in Kapitel 5.4. genauer eingegangen.

Außerdem werden Betonfertigteile und -elemente, wie beispielsweise Deckenplatten und Betonsteine, mit der Zugabe von 15 bis 50 M.-% Hüttensand als Zusatzstoff hergestellt. Hüttensand wird zudem für die Herstellung von Betonen mit einem erhöhten Sulfatwiderstand verwendet (Kap. 5.4, S. 40). Dafür sind Hüttensandanteile von über 50 M.-% notwendig[41].

Vor allem in Europa ist die Verwendung von Hüttensand als Betonzusatzstoff in den letzten Jahren deutlich gestiegen. Diese Entwicklung wurde vermutlich vor allem durch die Änderungen in den normativen Regelungen unterstützt. Sie ermöglichen eine einfachere Verwendung von Hüttensand als Betonzusatzstoff, wie nachfolgendes Kapitel näher erläutert.

---

[40] *Ehrenberg*, 2006 (Teil 1): 40.
[41] DAfStb, 2007: 56.

3 Normen und Regelwerke

3.1 Hüttensand als Zementbestandteil in Deutschland

Die Entwicklung der Normen bezüglich Hüttensand als Zuschlag im Zement wurde in Kapitel 2.2.1. erläutert. Im Jahre 1909 erschien die erste deutsche Norm für Eisenportlandzement, welche Austauschraten von bis zu 30 M.-% vorsah. Die 1917 veröffentlichte Norm für Hochofenzemente ließ Hüttensandgehalte von bis zu 85 M.-% zu. Vereinigt wurden diese 1932 in der „Deutschen Norm für Portlandzement, Eisenportlandzement und Hochofenzement".

In der heutigen europäischen Zementnorm, der DIN EN 197-1 (Deutsche Fassung 2014), die die Zusammensetzung, Anforderungen und Konformitätskriterien von Normalzement regelt, sind elf Zemente mit unterschiedlichen Gehalten an Hüttensand festgelegt (Anhang A). Der Hüttensandgehalt variiert zwischen 6 M.-% beim CEM II/A-S und 95 M.-% im Hochofenzement CEM III/C.

In dieser Norm wird weiterhin festgelegt, dass der verwendete Hüttensand folgende Anforderungen zu erfüllen hat:

1. Mindestmassenanteil an glasig erstarrter Schlacke von zwei Dritteln
2. Mindestmassenanteil von zwei Dritteln an Calciumoxid, Magnesiumoxid und Siliciumdioxid (Der Rest besteht aus Aluminiumoxid und einem geringen Anteil an anderen Verbindungen.)
   Formel für die Basizität:

$$\frac{CaO + MgO}{SiO_2} > 1.0 \tag{3.1}$$

Diese Anforderungen sollen eine ausreichende hydraulische Reaktivität gewährleisten. Es ist jedoch zu bemerken, dass ein Hüttensand nicht gleichzeitig vollständig glasig sein kann und dabei eine hohe Basizität aufweist, da das Calcium der Glasbildung entgegenwirkt. Somit werden immer auch kristalline Anteile im Hüttensand enthalten sein[42]. In einigen Untersuchungen wurde zudem gezeigt,

---

[42] *Tigges*, 2010: 7.

dass auch mit Glasgehalten von 30 bis 65 M.-% im Hüttensand geeignete Betone hergestellt werden können[43].

Einige Quellen weisen darauf hin, dass die Kriterien für den Einfluss von Hüttensand auf die Festigkeitsentwicklung weit über die genormten Eigenschaften des Glasgehaltes und der Basizität hinausgehen. Beispielsweise ist auch die Struktur des Glases von ausschlaggebender Bedeutung für die Reaktivität des Hüttensandes[44]. Weitere Einflussfaktoren werden unter 6.5. näher erläutert.

Im Anhang F der DIN 1045-2 ist festgelegt, welche Zemente nach DIN EN 197-1 für die Anwendung bei verschiedenen Expositionsklassen geeignet sind. Manche Zemente sind nicht für bestimmte Expositionsklassen zugelassen, da die baupraktische Erfahrung fehlt oder die Verwendung nicht wissenschaftlich untersucht ist. Ist ein Zement für eine Expositionsklasse nicht zugelassen, so kann er jedoch nach einer erfolgreichen allgemeinen bauaufsichtlichen Zulassung des DIBt verwendet werden. Dieses Verfahren entspricht dem „Verfahren der gleichwertigen Betonleistungsfähigkeit", welches unter 3.5. näher erläutert wird.

Eine solche allgemeine bauaufsichtliche Zulassung regelt Anforderungen an die Zusammensetzung des Zementes, die von der DIN EN 197-1 abweichen, und seine Anwendung im Beton nach der DIN EN 206 und der DIN 1045-2. Beispielsweise wurde über dieses Verfahren die Verwendung des Zementes CEM II/B-M (S-LL) zugelassen[45].

3.2 Hüttensand als Betonzusatzstoff in Deutschland

Die europäischen Normen DIN EN 15167-1 und DIN EN 15167-2, welche seit 2003 angeregt durch Großbritannien erarbeitet und 2007 bauaufsichtlich eingeführt wurden[46], regeln die Anforderungen an Hüttensandmehl zur Verwendung in Beton, Mörtel und Einpressmörtel. Der Umfang dieser Normen liegt in den chemischen und physikalischen Eigenschaften von Hüttensand sowie in Verfahren für die Güteüberwachung beim Einsatz von Hüttensandmehl als Zusatzstoff Typ II. Sie bezieht sich ausschließlich auf Hüttensand ohne weitere Zusatzstoffe, mit der Ausnahme von Mahlhilfen.

In Deutschland wurde die Norm im Jahre 2006 umgesetzt.

---

[43] DAfStb, 2007: 38.
[44] *Schneider*, 2006: 15.
[45] DAfStb, 2007: 20.
[46] *Ehrenberg*, 2006 (Teil 1): 55.

Der Hüttensand muss zu mindestens zwei Dritteln aus Calciumoxid, Magnesiumoxid und Siliciumdioxid bestehen und die Massen haben folgende Gleichung (Kap. 4.1, S. 25) zu erfüllen:

$$\frac{CaO + MgO}{SiO_2} > 1.0 \tag{3.2}$$

Der restliche Anteil soll vorwiegend aus Aluminiumoxid bestehen. Diese Anforderungen decken sich mit denen aus der europäischen DIN EN 197-1, welche Eigenschaften von Zementen definiert.

Des Weiteren begrenzt die DIN EN 15167-1 den Gehalt an Magnesia ($\leq$ 18.0 M.-%), Sulfid ($\leq$ 2.0 M.-%), Sulfat ($\leq$ 2.5 M.-%), Chlorid ($\leq$ 0.10 M.-%) sowie den Glühverlust ($\leq$ 3.0 M.-%) und den Feuchtegehalt ($\leq$ 1.0 M.-%). Der Glühverlust beschreibt dabei den Anteil an organischen Stoffen, welche in der Regel kohlenstoffhaltige Verbindungen sind.

Tab. 1: Chemische Anforderungen in Form charakteristischer Werte (DIN EN 15167-1).

Eigenschaft	Prüfnorm	Anforderungen [a]
Magnesia	EN 196-2	$\leq$ 18.0 %
Sulfid	EN 196-2	$\leq$ 2.0 %
Sulfat	EN 196-2	$\leq$ 2.5 %
Glühverlust nach Berichtigung in Bezug auf die Oxidation von Sulfid	EN 196-2	$\leq$ 3.0 %
Chlorid [b]	EN 196-2	$\leq$ 0.1 %
Feuchtegehalt	Anhang A	$\leq$ 1.0 %

[a] Die Anforderungen sind als Massenanteile des gebrauchsfertigen Hüttensandmehles angegeben.

[b] Hüttensandmehl darf mehr als 0.1 % an Chlorid enthalten; in diesem Fall ist jedoch der maximale Chloridgehalt als nicht zu überschreitender Wert auf der Verpackung und/oder dem Lieferschein anzugeben.

Außerdem ist festgelegt, dass die spezifische Oberfläche nicht kleiner als 2750 cm²/g sein darf.

Weitere Anforderungen, die nach dem Mischen mit dem Prüfzement erfüllt sein müssen, liegen in einer vorgegebenen Zeit bis zum Erstarrungsbeginn und einem Mindestwert des Aktivitätsindexes.

Dabei beschreibt der Aktivitätsindex das Verhältnis der Druckfestigkeit eines Gemisches aus Hüttensandmehl und Prüfzement von jeweils 50 M.-% zur Druckfestigkeit des jeweiligen Prüfzementes. Das Verhältnis von Wasser zu Gemisch bzw. von Wasser zu Zement soll 0.5 betragen.

In der Norm sind keine Anforderungen an den TiO_2-Gehalt gegeben, da dieser sehr komplexen Wechselwirkungen unterlegen ist und sein Einfluss indirekt auch in den Aktivitätsindex eingeht[47]. Jedoch muss der Hüttensanderzeuger über den Gehalt an TiO_2 informieren.

In der neusten Fassung der europäischen DIN EN 206 (Deutsche Fassung 2013), die die Festlegung, Eigenschaften, Herstellung und Konformität von Beton regelt, ist Hüttensandmehl nach der DIN EN 15167-1 als Zusatzstoff des Typs II anerkannt. Für die Zusatzstoffe Flugasche und Silikastaub sind k-Werte zur allgemeinen Verwendung angegeben. Der k-Wert-Ansatz wurde auch für Hüttensandmehl nachgewiesen. Unter 5.2.5.2.4 der Norm ist festgelegt, dass der k-Wert und die Anrechenbarkeit auf den Mindestzementgehalt den „am Ort der Verwendung geltenden Regeln entsprechen" soll. Im Anhang L ist in der siebten Zeile für die Anwendung eines Hüttensandes, der die Anforderungen aus DIN EN 15167-1 erfüllt, in Verbindung eines CEM I oder CEM II/A nach der DIN EN 197-1 die Empfehlung eines k-Wertes von 0.6 gegeben. Des Weiteren wird empfohlen, den Maximalgehalt von Hüttensand auf 50 M.-% (h/z $\leq$ 1.0) zu begrenzen. Werden höhere Hüttensandgehalte verwendet, so sollte diese Mehrmenge nicht auf den äquivalenten w/z-Wert (Wasser/Zement-Wert) angerechnet werden und auch bei der Berechnung des Mindestzementgehaltes unberücksichtigt bleiben.

Sind Abweichungen von den Regelungen in der Norm nötig, beispielsweise ein höherer k-Wert oder eine andere Zementart, muss die Eignung nachgewiesen werden.

In der neuesten Fassung der DIN EN 206 wurden neben dem k-Wert-Ansatz noch zwei weitere Konzepte zur Verwendung von Betonzusatzstoffen zugelassen. Es handelt sich um das Konzept der gleichwertigen Betonleistungsfähigkeit und das Konzept der gleichwertigen Leistungsfähigkeit von Kombinationen aus Zement und Zusatzstoff.

Anwendungsregeln zu der europäischen DIN EN 206 liefert die deutsche DIN 1045-2. Sie ergänzt die europäische Norm in manchen Bereichen und ersetzt Teile, die national geregelt werden dürfen.

Die aktuellste Überarbeitung dieser Norm fand im August 2014 statt, nachdem die Neuauflage der europäischen Norm erschien. Es fanden vor allem Änderungen bezüglich der Verwendung von Hüttensand als Betonzusatzstoff statt.

Zum einen ergänzt die DIN 1045-2 die DIN EN 206 insofern, dass zusätzliche Zementarten zum CEM I und CEM II/A zur Anwendung von Betonzusatzstoffen einbezogen werden. Zum anderen wurden spezielle Vorschriften für Hüttensandmehl als Zusatzstoff erarbeitet. In diesem Punkt ersetzt die deutsche Norm die europä-

---

[47] DAfStb, 2007: 28.

ische. Die DIN 1045-2 legt einen k-Wert für Hüttensand von 0.4 fest. Das Massenverhältnis, bei dem Hüttensand auf den äquivalenten w/z-Wert angerechnet werden darf, wird auf 0.33 beschränkt. Wird eine größere Menge an Hüttensand zugefügt, darf diese Mehrmenge dafür nicht angesetzt werden. Für die Expositionsklasse XF2 und XF4 darf der Mindestzementgehalt nicht abgesenkt werden und die Anrechnung des Hüttensandes auf den w/z-Wert ist nicht gestattet. Der Grund hierfür liegt vermutlich darin, dass für diese beiden Expositionsklassen die Verwendung von Luftporenbildner vorgeschrieben ist. Da durch den zusätzlichen Einsatz von Hüttensand ein dichteres Gefüge ausbildet wird, könnte dies die Wirkungsweise des Luftporenbildners beeinträchtigen.

Außerdem ist geregelt, dass die gleichzeitige Anwendung von Hüttensand und Flugasche und / oder Silikastaub keine Anwendung finden darf.

Für die Anwendung von Hüttensand als Betonzusatzstoff ist in der DIN 1045-2, anders als für Flugasche und Silikastaub, nicht festgelegt, welche Zementarten verwendet werden dürfen.

Um diese Frage zu klären, ist ein Blick in die Bauregelliste A – Teil 1 notwendig. Dort wurde im Jahre 2014 als Ergänzung der DIN 1045-2 festgelegt, dass Hüttensand bei der Verwendung als Zusatzstoff den Regelungen von Flugasche (DIN 1045-2, 5.2.5.2.2) unterlegen ist. Ausnahmen davon sind Anwendungsregeln für Unterwasserbeton und für Betone mit hohem Sulfatwiderstand. Daraus kann geschlussfolgert werden, dass die Verwendung von Hüttensand - genauso wie von Flugasche - als Zusatzstoff in Verbindung mit folgenden Zementarten möglich ist:

- Portlandzement	CEM I
- Portlandsilikastaubzement	CEM II/A-D
- Portlandhüttenzement	CEM II/A-S oder CEM II/B-S
- Portlandschieferzement	CEM II/A-T oder CEM II/B-T
- Portlandkalksteinzement	CEM II/A-LL
- Portlandpuzzolanzement	CEM II/A-P
- Portlandflugaschezement	CEM II/A-V
- Portlandkompositzemente	CEM II/A-M (Hauptbestandteile: S, D, P, V, T, LL)
- Portlandkompositzemente	CEM II/B-M (S-D, S-T, D-T)
- Hochofenzement	CEM III/A
- Hochofenzement	CEM III/B (max. Hüttensandanteil 70 M.-%)

3.3 Regelwerke im internationalen Vergleich

Weltweit existieren zahlreiche Normen zu Anforderungen an Hüttensandmehl als Betonzusatzstoff. In dem Sachstandsbericht „Hüttensand als Betonzusatzstoff" des Deutschen Ausschuss für Stahlbeton (DAfStb) von 2007 wurden 17 internationale Normen betrachtet. Davon enthalten elf Normen nur aufgelistete Anforderungen an den Hüttensand. In sieben Normen findet eine Einteilung verschiedener Hüttensandmehle in unterschiedliche Kategorien statt. Die Kategorien orientieren sich vor allem an der Feinheit, der Festigkeit und dem Aktivitätsindex der Hüttensande. Die aufwendigste Einteilung ist in der französischen Norm vorzufinden. Es werden zwei Feinheitsklassen, drei Klassen für den Aktivitätsindex und drei Klassen für das Produkt aus Calciumoxid und Aluminiumoxid unterschieden.

In allen gelisteten Normen im Sachstandsbericht des DAfStb ist der Feuchtegehalt auf 1.0 M.-% beschränkt, mit Ausnahme der spanischen Regelung von 2.0 M.-%. Generell scheint eine Begrenzung des Feuchtegehaltes sinnvoll zu sein, da eine vorzeitige Hydratation vermieden werden soll. Der Glasgehalt des Hüttensandes muss mindestens zwei Drittel betragen. Eine abweichende Regelung ist nur in Südafrika zu finden, die ein Mindestglasgehalt von 95 M.-% festlegt.

In vielen internationalen Regelungen ist eine Mindestanforderung an die Feinheit des Hüttensandes gegeben. Die europäische Norm, die eine Mindestfeinheit von 2750 cm²/g nach Blaine festlegt, liegt dabei auf einem niedrigen Niveau im Vergleich zu anderen Regelwerken. Dies könnte an den relativ hohen Anforderungen an die Qualität des verwendeten Hüttensandes liegen, die eine geringe Feinheit des Materials zulassen. Der Blaine-Wert dient als Maß der Feinheit von zementähnlichen Stoffen. Er bezeichnet die spezifische Oberfläche und wird in cm²/g angegeben.

Bezüglich der chemischen Zusammensetzung des Hüttensandes zur Verwendung als Betonzusatzstoff gibt es in den verschiedenen Normen unterschiedliche Angaben, die teilweise relativ weit voneinander abweichen.

Die Regelungen zur Mindestdruckfestigkeit werden mit Gemischen aus Hüttensand mit Portlandzement nachgewiesen. Da die Mischungsverhältnisse jedoch international sehr starken Schwankungen unterliegen, ist ein Vergleich nicht möglich[48].

Auch die Anwendungsregeln in verschiedenen Ländern lassen sich nicht direkt vergleichen, da sie jeweils mit den nationalen Regelungen vor Ort verknüpft sind.

Viele Länder verfügen jedoch über das k-Wert-Konzept. In Frankreich beispielsweise liegt ein k-Wert von 0.9 vor, welcher mit einem maximalen Hüttensandanteil

---

[48] DAfStb, 2007: 22.

von 30 M.-% realisiert werden darf. In Belgien ist auch ein k-Wert von 0.9 festgelegt mit einer maximalen Austauschrate des Zementes zu Hüttensandmehl von 45 M.-%. Für die Expositionsklassen XF, XC3 und XC4 ist dieser auf 20 M.-% beschränkt. In Schweden, wo Hüttensand ausschließlich als Zusatzstoff verwendet wird, beträgt der k-Wert 0.6 und es sind Austauschraten bis zu 50 M.-% zugelassen. Dort werden jedoch Abweichungen für verschiedene Expositionsklassen vorgesehen.

Auch in Irland ist ein k-Wert von 0.6 vorgegeben und die Kombination darf ausschließlich mit CEM I oder CEM II erfolgen. Die Austauschmenge ist auch dort auf 50 M.-% begrenzt. Diese Regelung entspricht der im Anhang L der DIN EN 206 geregelten Empfehlung.

In Großbritannien werden den Expositionsklassen aus der DIN EN 206-1 die Verwendungen bestimmter Zemente und Kombinationen aus CEM I und Hüttensand zugeordnet. Diese Kombinationen werden bezüglich ihrer Zusammensetzung den Zementen der Norm DIN EN 197-1 zugewiesen. Dieser Zuordnung liegt die Annahme zugrunde, dass sich Zemente nach DIN EN 197-1 bezüglich ihrer Dauerhaftigkeit genauso verhalten, wie Mischungen aus CEM I und Hüttensand. Die britische Norm sieht nur Kombinationen von CEM I mit Hüttensand vor und die gleichzeitige Verwendung anderer Zusatzstoffe ist nicht gestattet.

In den Niederlanden hingegen darf Hüttensand als Betonzusatzstoff nur angewendet werden, wenn ein sogenanntes Attest vorliegt, welches die Eigenschaften des Hüttensandmehls, des Portlandzementes und des Betons, je nach Expositionsklasse, festlegt. Die Betonzusammensetzung muss dabei bezüglich der Festigkeit und Dauerhaftigkeit gleiche oder bessere Ergebnisse liefern als der Referenzbeton der niederländischen Norm NEN 6720[49].

3.4 k-Wert-Ansatz

Nach der DIN 206 ist der k-Wert-Ansatz ein deskriptives Konzept. Er beruht auf dem Vergleich der Dauerhaftigkeit eines bestimmten Zementes mit der eines Gemisches aus dem gleichen Zement mit Zugabe eines Zusatzstoffes. Teilweise können auch die Festigkeiten verglichen werden, wenn diese als Näherungskriterium der Dauerhaftigkeit angesehen werden können. Dabei wird der Wassergehalt konstant gehalten und nur mit Veränderung des Zusatzstoffgehaltes eine vergleichbare Konsistenz erzeugt. Der k-Wert gibt somit die Zementwirksamkeit eines Betonzusatzstoffes wieder[50]. Der k-Wert-Ansatz berücksichtigt den Zusatzstoff Typ II zum einen durch einen äquivalenten w/z-Wert, wie folgt:

---

[49] DAfStb, 2007: 42 – 44, 65 + 66.
[50] *Ehrenberg*, 2010: 57.

$$\frac{w}{z}_{\text{(äquivalent)}} = \frac{w}{z + k \cdot h} \tag{3.3}$$

Dabei bezeichnet w den Wassergehalt, z den Zementgehalt und h den Gehalt des Zusatzstoffes. Zum anderen darf die Summe aus

$$z + k \cdot h \tag{3.4}$$

den erforderlichen Mindestzementgehalt nicht unterschreiten.

Der k-Wert-Ansatz für Hüttensand nach der DIN EN 15167-1 ist nach der DIN EN 206 anerkannt und unterliegt nationalen Regelungen. Die deutsche DIN 1045-2 legt einen k-Wert für Hüttensand von 0.4 in Verbindung mit den unter 3.2. genannten Zementarten fest.

Der niedrig gewählte k-Wert und das geringe Verhältnis von Hüttensand zu Zement für die Anrechenbarkeit lassen sich durch das breite Spektrum an anwendbaren Zementarten erklären, welches die deutsche Norm zulässt. Die vorsichtiger gewählten Werte könnten zudem die geringere Anforderung an die Mahlfeinheit von Hüttensand erklären. Als weiterer Grund für einen im internationalen Vergleich niedrigen k-Wert kann das Fehlen von Hüttensandklassen genannt werden, sodass der k-Wert eine allgemeine Gültigkeit aufweisen muss[51]. Eine Klassifizierung stellt sich aufgrund von etlichen Einflüssen auf die Leistungsfähigkeit des Hüttensandes als sehr komplex dar. Beispielsweise beeinflussen die Schmelzvergangenheit, die Granulationsbedingungen, die chemische Zusammensetzung, die Feinheit, der Aktivitätsindex und der Glasgehalt die Qualität des Hüttensandes und somit auch den k-Wert[52].

Wie die Regelungen anderer Länder zeigen, können wesentlich höhere k-Werte - bis zu 1.0 - angesetzt werden[53]. Höhere k-Werte gehen jedoch meist mit einer begrenzten Zementaustauschrate und anderen verwendeten Konzepten, zum Beispiel dem Konzept gleicher Betonleistungsfähigkeit, einher. Die Leistungsfähigkeit des Hüttensandmehls kann beispielsweise durch eine feinere Mahlung signifikant gesteigert werden[54].

Das k-Wert-Konzept wird für Hüttensand zum Beispiel in Schweden, Frankreich und Finnland angewendet[55].

Auf der zweiten Jahrestagung des DAfStb im November 2014 stellte der Ausschuss sein Forschungsvorhaben bezüglich der Anwendung von Hüttensand als Betonzusatzstoff vor. Das Ziel sei der Vergleich und die Evaluierung aller drei Anwendungskonzepte, die zurzeit nach der DIN EN 206 gleichwertige Gültigkeit

---

[51] *Ehrenberg*, 2010: 57 + 58.
[52] *Ehrenberg*, 2010: 58.
[53] Karlsruher Institut für Technologie, 2012: 42.
[54] *Ehrenberg*, 2010: 57 - 59.
[55] DAfStb, 2007: 67.

besitzen. Wünschenswert wäre die Bildung von Hüttensandklassen mit der Definition von unterschiedlichen k-Werten. Des Weiteren sollen Vorschläge für nationale Anwendungsregeln erarbeitet werden. In dem Forschungsprojekt wurden sechs verschiedene Hüttensande, jeweils in drei Mahlfeinheiten, mit drei unterschiedlichen Zementen kombiniert und für jede Kombination der k-Wert bestimmt. Auf Basis der Ergebnisse konnten zwei k-Wert-Klassen - 0.6 und 0.8 - ausgemacht werden. Bezüglich des Frostwiderstandes und der Carbonatisierung konnten mit den hüttensandhaltigen Zementen vergleichbare Ergebnisse wie mit den Referenzzementen erreicht werden. Auch die Frischbetoneigenschaften, die Festigkeitsentwicklung und die Dauerhaftigkeit wichen nicht signifikant von denen des Referenzzementes ab. Weiterhin wurden die Einflüsse auf den k-Wert untersucht. Es zeigte sich, dass bei steigendem TiO_2-Gehalt der k-Wert sank. Bezüglich der Mahlfeinheit konnten bei feineren Hüttensandmehlen steigende k-Werte beobachtet werden. Wird die Reaktivität mithilfe der Basizität oder dem F-Wert bestimmt, so kann bei reaktiveren Hüttensanden ein höherer k-Wert ermittelt werden[56].

Der F-Wert ist ein weiteres Bewertungskriterium für Hüttensand und wurde in der Studie vom DAfStb wie folgt berechnet:

$$\text{F-Wert} = \frac{CaO + 0.5 \cdot S^2 + 0.5 \cdot MgO + Al_2O_3}{SiO_2 + MnO} \qquad (3.5)$$

Schlussfolgernd lässt sich festhalten, dass mit allen drei Konzepten leistungsfähige Betone mit Hüttensand herzustellen sind. Der DAfStb sieht auf Grundlage seiner Ergebnisse eine Einteilung in zwei k-Wert-Klassen - 0.6 und 0.8 - gerechtfertigt. Einen Vorschlag der Einteilung liefert Tab. 2.

Tab. 2: Vorschlag Klassifizierung k-Wert[57].

Parameter	$k_1 = 0.6$	$k_2 = 0.8$		
Glasgehalt [Vol.-%]	≥ 67	≥ 90		
Reaktivität (C+M)/S **F-Wert**	≥ 1.0	≥ 1.0	≥ 1.20 ≥ 1.30	≥ 1.30 ≥ 1.50
TiO₂-Gehalt [M.-%]		≤ 1.00	1.01 - 1.50	
Mahlfeinheit (Blaine) [cm²/g]	≥ 3200	≥ 5200	≥ 4200	

---

56 *Feldrappe*, 2014: 4 - 20.
57 *Feldrappe*, 2014: 23.

Dabei verstehen sich die Werte als Mindestwerte jedes Einzelwertes. Die Verwendung ist nur in Verbindung mit CEM I und einem Verhältnis von Hüttensand zu Zement von unter 1.0 möglich[58].

3.5 Prinzip der gleichwertigen Betonleistungsfähigkeit

Das Prinzip der gleichwertigen Betonleistungsfähigkeit dient der Zulassung von Abweichungen vom vorgegebenen Mindestzementgehalt und vom höchstzulässigen w/z-Wert. Die Anwendung dieses Konzeptes ist nach der DIN EN 206 zulässig.

Wenn die Eigenschaften der verwendeten Betonzusatzstoffe sowie die Zementeigenschaften eindeutig festgelegt sind, ist eine Zulassung von Änderungen der gegebenen Anforderungen möglich.

Es muss gezeigt werden, dass der Beton mit diesen Abweichungen bezüglich seiner Dauerhaftigkeit eine gleichwertige - oder bessere - Leistungsfähigkeit besitzt als der Referenzbeton, der für die betroffene Expositionsklasse festgelegt ist. Das Konzept kann nur auf Zemente der DIN EN 197-1 in Verbindung mit einem oder mehreren Zusatzstoffen angewendet werden.

Mit diesem Verfahren können materialspezifische Eigenschaften bezüglich der Art und des Ursprungs der verwendeten Materialien berücksichtigt werden.

Die meisten Länder, die Hüttensand vorrangig als Zusatzstoff verwenden, wie zum Beispiel die USA, Kanada, Großbritannien und Südafrika, nutzen dieses Prinzip.

In Deutschland darf das Verfahren nach der DIN 1045-2 nur im Rahmen einer bauaufsichtlichen Zulassung erfolgen. Solche Zulassungen sind mit umfangreichen Versuchen zur Carbonatisierung, zum Widerstand gegen Chlorideindringung und zum Frost- und Frost-Tausalz-Widerstand verbunden. Teilweise werden im Rahmen der Zulassung weitere Anforderungen festgelegt. Diese Verfahren sind sehr zeit- und kostenintensiv und wurden bislang kaum durchgeführt[59].

---

[58] *Feldrappe*, 2014: 27 + 23.
[59] DAfStb, 2007: 67.

3.6 Prinzip der gleichwertigen Leistungsfähigkeit von Kombinationen aus Zement und Zusatzstoff

Das Konzept der gleichwertigen Leistungsfähigkeit von Kombinationen aus Zement und Zusatzstoff dient der Zulassung von Zusatzstoffkombinationen, die nicht von den Normen abgedeckt werden.

Es ist nach der DIN EN 206 zulässig.

Dieses Konzept erlaubt eine Bandbreite an Kombinationen von einem Zement, der nach der DIN EN 197-1 festgelegt ist, und einem oder mehreren Zusatzstoffen, der / die durch eine Norm nachgewiesen ist / sind. Das Verfahren beruht darauf, dass zunächst eine Zementart aus der DIN EN 197-1 identifiziert wird, die eine ähnliche Zusammensetzung aufweist wie die relevante Kombination.

Im nächsten Schritt wird geprüft, ob die Betone, die mit der Kombination hergestellt wurden, ähnliche Eigenschaften bezüglich der Festigkeit und Dauerhaftigkeit aufweisen wie Betone mit der identifizierten Zementart für die benötigte Expositionsklasse. Abschließend wird eine Produktionskontrolle eingeführt, die sicherstellt, dass die ermittelten Anforderungen für die Betone mit der geprüften Kombination festgelegt und umgesetzt werden.

Ist eine gleichwertige Leistungsfähigkeit einer Zusatzstoff-Zement-Kombination nachgewiesen, so dürfen die Anwendungsregeln des Referenzzementes auf diese Kombination angewendet werden. Dies bezieht sich vor allem auf die Anrechenbarkeit auf den w/z-Wert und den Mindestzementgehalt für die untersuchte Expositionsklasse.

Laut der DIN 1045-2 bedarf auch dieses Verfahren in Deutschland einer bauaufsichtlichen Zulassung.

4 Eigenschaften von Hüttensanden

Verschiedene Hüttensande können sich in ihren Eigenschaften stark unterscheiden. Im Folgenden wird eine Übersicht über die wichtigsten allgemeinen Eigenschaften von Hüttensand und deren typischen Ausprägungen gegeben.

4.1 Chemische Zusammensetzung

Die chemische Zusammensetzung des Hüttensandes ist ähnlich der des Zementes. Er besteht aus den Hauptkomponenten Calciumoxid (CaO), Siliciumdioxid (SiO_2), Aluminiumoxid (Al_2O_3) und Magnesiumoxid (MgO) sowie den Nebenkomponenten Titanoxid (TiO_2), Eisenoxid (FeO), Manganoxid (MnO), Schwefel (S) und den Alkalien Kaliumoxid (K_2O) und Natriumhyperoxid (NaO_2)[60]. Der DAfStb gibt in seinem Sachstandsbericht eine Übersicht über die im Mittel enthaltenen Anteile der verschiedenen Bestandteile in deutschen Hüttensanden (Tab. 3, S. 26).

Im Normalfall machen die Anteile an Siliciumdioxid, Calciumoxid, Aluminiumoxid und Magnesiumoxid zusammen über 90 M.-% aus[61].

Die Bestandteile sind jedoch teilweise, vor allem international, starken Schwankungen unterlegen[62]. In Deutschland hat die Variationsbreite im Laufe der Zeit abgenommen, vor allem, da sich die Stahlindustrie auf wenige Standorte reduziert hat[63]. Die chemische Zusammensetzung der Hüttensande ist zudem abhängig von den Einsatzstoffen im Hochofen bei der Roheisenherstellung. Die Zusammensetzungen des Eisenerzes, der Hochofenschlacke sowie von Verunreinigungen im Koks bestimmen erheblich die chemische Zusammensetzung des daraus resultierenden Hüttensandes[64].

---

[60] *Tigges*, 2010: 5.
[61] *Özbay / Erdemir / Durmus*, 2015: 424.
[62] *Tigges*, 2010: 5; *Ehrenberg*, 2006 (Teil 2): 76; *Özbay / Erdemir / Durmus*, 2015: 425.
[63] *Ehrenberg*, 2006 (Teil 2): 76.
[64] *Özbay / Erdemir / Durmus*, 2015: 424.

Tab. 3:   Chemische Bestandteile in deutschen Hüttensanden[65].

Bestandteil [Summen-formel]	Bestandteil [Bezeich-nung]	Anteil [M.-%]
CaO	Calciumoxid	39.2
SiO_2	Siliciumdioxid	36.3
Al_2O_3	Aluminiumoxid	11.7
MgO	Magnesiumoxid	9.1
TiO_2	Titanoxid	0.94
MnO	Manganoxid	0.31
Na_2O	Natriumhyperoxid	0.33
K_2O	Kaliumoxid	0.5
SO_3^{2-}	Sulfit	0.1
S^{2-}	Sulfid	1.16
Cl^-	Chlorid	0.02

In der DIN EN 197-1 ist ein Massenanteil von Calciumoxid, Magnesiumoxid und Siliciumdioxid von zusammen mindestens zwei Dritteln vorgesehen. Der Rest soll vorwiegend aus Aluminiumoxid bestehen. Des Weiteren ist ein Massenverhältnis von Calciumoxid und Magnesiumoxid zu der Masse von Siliciumdioxid von mehr als 1.0 festgelegt (Kap. 3.1, S. 13). Im Allgemeinen lässt sich ein Einfluss der chemischen Zusammensetzung des Hüttensandes auf seine Qualität feststellen[66].

4.2 Glasgehalt

Mitteleuropäische Hüttensande, die vorwiegend in Nassgranulationsanlagen hergestellt werden, bestehen zu über 95 M.-% aus Glas[67]. Die europäische Norm DIN EN 197-1 schreibt einen Mindestglasgehalt in Hüttensanden von zwei Dritteln vor.

---

[65] DAfStb, 2007: 23.
[66] *Tigges*, 2010: 6.
[67] *Schneider*, 2006: 16; *Ehrenberg*, 2006 (Teil 2): 71.

Als Glas wird im Allgemeinen ein amorpher, nichtkristalliner Feststoff bezeichnet. Herkömmliche Gläser bestehen vor allem aus Siliciumdioxid. Wie beispielsweise im Hüttensand, können Gläser zusätzlich Calcium-, Aluminium- und Magnesiumoxid beinhalten.

Grundsätzlich zeichnen sich Gläser durch eine unregelmäßige Struktur aus. Im Gegensatz dazu bestehen Kristalle aus einem regelmäßig angeordneten, dreidimensionalen Netzwerk.

Der Anteil an Glas im Hüttensand entsteht, wie eingangs erwähnt, durch das schlagartige Abkühlen der Hochofenschlacke bei der Granulation.

Die Viskosität des Stoffes steigt dabei so schnell an, dass ein Kristallwachstum, wie bei der Hochofenstückschlacke, unterbunden wird[68]. Das Glas kann bei diesem Prozess als unterkühlte Schmelze wie eine Flüssigkeit angesehen werden, die bei sinkender Temperatur immer zäher wird, bis sie vollständig erhärtet[69]. Dabei werden keine Kristalle gebildet.

Gläser sind energiereicher als Kristalle, da sie sich nicht im thermodynamischen Gleichgewicht befinden. Grundsätzlich sind sie jedoch bestrebt, einen energetisch günstigeren, stabilen Zustand anzunehmen. Wird Hüttensand erhitzt, so bildet er stabile Kristallphasen aus[70]. Es findet demnach eine Entglasung des Hüttensandes durch eine Kristallisation der Hüttensandgläser statt. Als Temperaturbereich dieser Entglasung werden Werte ab etwa 700 °C / 750 °C genannt[71].

Je geringer die Basizität der Hochofenschlacke, also beispielsweise das Verhältnis von Calciumoxid zu Siliciumdioxid, ist, desto leichter erstarrt die Schlacke glasig. Hochbasische Schlacken neigen eher zur Bildung von Kristallphasen. So wurde gezeigt, dass mit einem Verhältnis von

$$\frac{CaO + MgO}{SiO_2 + Al_2O_3} \leq 1.3 \qquad (4.1)$$

ein Glasgehalt von über 90 M.-% erreicht werden kann[72]. Eine homogene Glasstruktur wird praktisch nie erreicht, da Entmischungsreaktionen und die Bildung von kristallinen Phasen bei der Hüttensandherstellung unvermeidbar sind. Dies lässt sich dadurch erklären, dass die Temperatur der flüssigen Hochofenschlacke nur knapp über dem Schmelzpunkt von Glas liegt und die Schlacke bei der Granulation lediglich mit einer begrenzten Geschwindigkeit abgekühlt werden kann[73].

---

[68] *Ehrenberg*, 2006 (Teil 1): 44.
[69] *Bruckmann*, 2004: 30.
[70] *Ehrenberg*, 2006 (Teil 1): 44.
[71] *Alonso / Sainz / Lopez / Medina*, 1994: 1602; *Meng / Schneider*, 2000: 856.
[72] *Ehrenberg*, 2006 (Teil 2): 70.
[73] *Meng / Schneider*, 2000: 856.

4.3 Sieblinie und Kornhabitus

Bei Hüttensanden ist das Größtkorn meist kleiner als 3 mm[74]. Je feiner die Sieblinie des Hüttensandes ist, desto langsamer entwässert er nach der Granulation. Auch der Mahlwiderstand ist abhängig von der Sieblinie.

Bezüglich der Kornform lassen sich bei verschiedenen Hüttensanden unterschiedliche Erscheinungsformen im Licht- und Rasterelektronenmikroskop erkennen. Typisch ist jedoch eine scharfkantige Form der Hüttensandkörner. Teilweise lässt sich auch ein geringer Anteil des Hüttensandes in Faserform erkennen[75].

4.4 Dichte und Feuchtegehalt

Die Dichte des Hüttensandes beeinflusst im Allgemeinen das Wasserrückhaltevermögen, die Mahlbarkeit sowie den Transport. Es wird zwischen der Schüttdichte, der Rohdichte und der Reindichte unterschieden. In Tab. 4 sind die Werte der Dichten für Hüttensand angegeben.

Tab. 4: Dichten von Hüttensand im Mittel[76].

Schüttdichte [g/cm³]	1.2
Rohdichte [g/cm³]	2.6
Reindichte [g/cm³]	2.92

Die unterschiedlichen Arten der Dichten sind Abb. 3 zu entnehmen.

Die Schüttdichte ist vor allem von der Kornform, der Sieblinie und der Rohdichte des Hüttensandes abhängig. Niedrigere Schüttdichten erzeugen einen erhöhten Feuchtegehalt nach der Granulation. Dies lässt sich zum einen durch das ungünstigere Entwässerungsverhalten von feineren Sieblinien und zum anderen durch einen erhöhten Porenanteil bei geringeren Rohdichten erklären. Ein höherer Feuchtegehalt lässt die Kosten für die Trocknung und den Transport des Hüttensandes steigen. Bei Untersuchungen konnte eine nahezu lineare Abhängigkeit der Schüttdichte und der Mahlbarkeit festgestellt werden. Hüttensande mit geringeren Schüttdichten lassen sich leichter mahlen. Die Porosität und damit auch die Rohdichte sind von der chemischen Zusammensetzung und der Temperatur der Schmelze sowie von den Granulationsbedingungen abhängig. Abweichungen

---

[74] *Ehrenberg*, 2006 (Teil 2): 68.
[75] *Ehrenberg*, 2006 (Teil 2): 68 + 69.
[76] *Ehrenberg*, 2006 (Teil 2): 69 + 70.

in der Reindichte lassen auf Unterschiede in den Kristall- und Glasanteilen schließen[77].

Schüttdichte   Rohdichte   Reindichte

Abb. 3:   Dichten.

Verlässt der Hüttensand das Freilager, so enthält er, in Abhängigkeit von der Porosität, eine Restfeuchte von rund 10 M.-%. Diese Restfeuchte muss vor oder während des Mahlvorgangs ausgetrieben werden[78].

4.5 Mahlverhalten

Die Mahlenergie, die bei der Herstellung von Hüttensand benötigt wird, macht
einen hohen Anteil an dem Primärenergiebedarf aus. Demnach wäre eine Reduzierung des Mahlaufwandes erstrebenswert. Im Allgemeinen ist der Mahlwiderstand von Hüttensand größer als der von Zement. Dies lässt sich durch das Glas
im Hüttensand erklären, welches eine relativ harte Struktur aufweist[79]. Somit
sind die Hüttensandkörner bei gemeinsamer Mahlung mit Zement gröber[80]. Eine
niedrige Rohdichte und eine hohe Gesamtporosität wirken sich im Allgemeinen
positiv auf das Mahlverhalten aus[81].

Verschiedene Hüttensande können sich bezüglich ihrer Mahlfeinheit unterscheiden. Dies ist ein Grund, warum in dieser Arbeit zwei Hüttensande untersucht wurden.

---

[77] *Ehrenberg*, 2006 (Teil 2): 69 + 70.
[78] *Ehrenberg*, 2006 (Teil 2): 73; *Ehrenberg*, 2006 (Teil 1): 42.
[79] *Ehrenberg / Feldrappe / Roggendorf / Dathe*, 2015: 1.
[80] *Schneider*, 2009: 12.
[81] *Ehrenberg*, 2006 (Teil 2): 72 + 73.

4.6 Alter

Wird Hüttensand längere Zeit gelagert, so weist er eine erhöhte Anfälligkeit für Glaskorrosion auf. Zudem wird ein höherer Anteil an Wasser (H_2O) und Kohlenstoffdioxid (CO_2) nachgewiesen. Im Laufe der Lagerung findet eine Vorhydratation im Inneren der Halde statt, da das Material dort schlechter trocknet.

Die in dieser Arbeit verwendeten zwei Hüttensande wurden unterschiedlich lange gelagert. Beide Hüttensande wiesen in den thermogravimetrischen Analysen chemisch gebundenes Wasser aus einer vorzeitigen Hydratation auf. Bei dem länger gelagerten Hüttensand war der Anteil etwas höher. Des Weiteren konnten im länger gelagerten Hüttensand vermehrt carbonatisierte Anteile festgestellt werden.

Wird der gelagerte Hüttensand auf den gleichen Blaine-Wert gemahlen, wie „frischer" Hüttensand, so lässt er sich leichter Mahlen. Dies geht jedoch mit einem Verlust der Festigkeit des hüttensandhaltigen Zementes einher. Wird im Umkehrschluss die gleiche Mahlenergie wie für „frischen" Hüttensand verwendet, so werden feinere Resultate erreicht und der Verlust in der Festigkeit kann damit ausgeglichen werden. Der Blaine-Wert sollte dabei nicht als einzige Orientierung bezüglich der Leistungsfähigkeit eines Hüttensandes dienen.

Schlussfolgernd lässt sich nicht pauschal beurteilen, dass älterer Hüttensand schlechtere Eigenschaften besitzt[82]. Bei der Mahlung sollten jedoch die zuvor beschriebenen Einflüsse beachtet werden, sodass eine befriedigende Leistungsfähigkeit erreicht werden kann.

4.7 Ökologische Vorteile

Ökologisch bietet die Nutzung von Hüttensand in der Zementherstellung bedeutende Vorteile. Schon im Jahre 1902 wurden diese diskutiert[83]. Die Zementproduktion macht in Deutschland ca. 10 % der CO_2-Emissionen des Industriesektors aus[84]. Da Hüttensand ein „Abfallprodukt" der Roheisenherstellung ist, wird durch das Ersetzen von Portlandzement gegen Hüttensand weniger Primärenergie benötigt. Zudem findet eine Schonung der Ressourcen statt[85]. Schon 1943 wurde beobachtet, dass bei der Herstellung von Hochofenzement nur etwa 40 bis 45 % der Energiemenge benötigt wird wie für Portlandzement. Ein weiteres Beispiel ist, dass ein Hochofenzement mit 75 M.-% Hüttensand im Vergleich zu Portland-

---

[82] *Ehrenberg*, 2006 (Teil 2): 74 + 75.
[83] *Ehrenberg*, 2010: 50.
[84] http://www.bmub.bund.de/fileadmin/Daten_BMU/Pools/Broschueren/klimaschutz_in_zahlen_bf.pdf (13.09.2017, 13:14).
[85] *Özbay / Erdemir / Durmus*, 2015: 425.

zement nur 38 % der Primärenergie benötigt und bei der Herstellung vergleichs-
weise nur 30 % der CO_2-Emissionen ausgestoßen werden[86]. Eine weitere Quelle
belegt, dass ein Portlandzement in seiner Herstellung rund 0.91 Tonnen CO_2-
Emission pro Tonne Zement ausstößt, wohingegen ein hüttensandhaltiger Zement
nur 0.143 Tonnen erzeugt[87].

Diese Tatsache verschafft Hüttensand ein hohes Potenzial und zunehmende
Beliebtheit in der Betonherstellung. Gerade aus diesem Grund wird in der vorliegenden Arbeit die Reaktivität von Hüttensand genauer untersucht. Erkenntnisse
bezüglich dieser Thematik könnten genutzt werden, um Hüttensand im Bauwesen
noch effizienter einzusetzen.

4.8 Farbe

Gemahlener Hüttensand ist weiß. Je mehr Portlandzement durch Hüttensand ersetzt wird, desto heller wird demnach die Leimprobe. In Abb. 4 sind Würfel aus
Zementleim mit einem w/b-Wert von 0.45 und Austauschraten von 3, 5, 10, 20,
30, 40, 60, 80 und 95 M.-% (von links nach rechts) dargestellt.

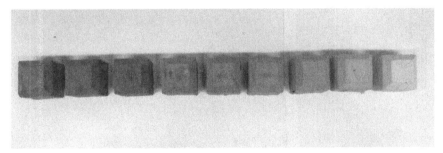

Abb. 4:   Farbverlauf hüttensandhaltiger Leimproben.

---

[86] *Ehrenberg*, 2006 (Teil 1): 59.
[87] *Özbay / Erdemir / Durmus*, 2015: 425.

5 Einfluss Hüttensand auf Betoneigenschaften

Neben den ökologischen Vorteilen, die die Verwendung von Hüttensand anstelle des Portlandzementes verzeichnen kann, beeinflusst der Einsatz von Hüttensand einige Eigenschaften des Betons. Diese Veränderungen in den Eigenschaften können für manche Anwendungsbereiche von besonderem Nutzen sein. Die bedeutendsten Einflüsse werden nachfolgend erläutert.

5.1 Hydratation

Als Hydratation wird im Bauwesen die Reaktion eines Materials mit Wasser verstanden.

Beim Einsatz von Hüttensand läuft die Hydratation des Zementes langsamer und unter einer geringeren Wärmeentwicklung ab[88]. Die geringere Gesamtwärmeentwicklung bei der Reaktion kann bei hüttensandhaltigen Zementen auf den geringeren Anteil an Portlandzementklinker zurückgeführt werden[89].

Ein beispielhafter Verlauf der Hydratationswärme bei der Verwendung von hüttensandhaltigem Zement im Vergleich zu reinem Portlandzement ist in Abb. 5 dargestellt.

Auffällig ist, dass der zweite Peak der Wärmeentwicklung zwischen sechs und 24 Stunden (2) bei hüttensandhaltigem Zement wesentlich stärker ausgeprägt ist als bei reinem Portlandzement. Diesbezüglich kann eine Parallele zu den Ergebnissen der thermogravimetrischen Analyse dieser Arbeit festgestellt werden. Die Ableitung der TG-Kurve, welche in Kapitel 8.2. genauer betrachtet wird, zeigt mit steigendem Hüttensandgehalt eine zunehmende Ausprägung eines Peaks im Temperaturbereich von etwa 150 bis 200 °C. Dieser Peak erscheint - ähnlich wie in Abb. 5 - als „Schulter" eines anderen Peaks. Diese Beobachtung wird unter 8.2.3. näher erläutert.

---

[88] *Ehrenberg*, 2006 (Teil 1): 58; *Ehrenberg*, 2010: 51.
[89] *Liu / Bai* et al., 2014: 1485.

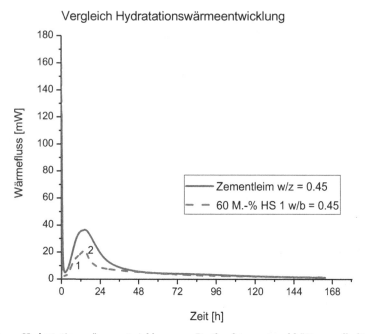

Abb. 5:   Hydratationswärmeentwicklung von Portlandzement und hüttensandhaltigem
Zement.

Die Hydratationswärme nimmt annähernd linear ab, wenn der Gehalt an Hüttensand als Betonzusatzstoff steigt[90]. Sie ist jedoch auch von der Umgebungstemperatur sowie von der Reaktivität des Hüttensandes und des Zementes abhängig[91].

Dank dieser Eigenschaft kann einer Rissbildung infolge thermischer Unterschiede
im Beton entgegengewirkt werden. Dies ist vor allem für die Herstellung von massigen Bauteilen von großer Bedeutung.

5.2 Druckfestigkeit

Die Festigkeitsentwicklung findet bei der Verwendung von Hüttensand vor allem
am Anfang der Hydratation langsamer statt[92]. Die geringere Frühfestigkeit lässt

---

[90] DAfStb, 2007: 32.
[91] *Özbay / Erdemir / Durmus*, 2015: 426.
[92] VDZ, 2003-2005: 64.

sich durch ein verlangsamtes Erstarren des Betons erklären[93]. Die Erstarrungs-
dauer wird verlängert und der Erstarrungsbeginn und das -ende verzögert[94]. Somit nimmt die Anfangserhärtung mit steigendem Hüttensandgehalt ab[95]. Des Weiteren benötigt Hüttensand ein ausreichend alkalisches Milieu, um Ettringit zu bilden, welches ein bedeutender Einflussfaktor für die Frühfestigkeit ist[96]. Die benötigte Alkalität ist am Anfang der Hydratation noch nicht gegeben. Folglich wird
die Anfangsfestigkeit hüttensandhaltiger Zemente im Wesentlichen durch die
Hydratation des Tricalciumsilicats aus dem Zementklinker zu festigkeitssteigern-
den CSH-Phasen bestimmt[97].

Damit Hüttensand zur Festigkeitsentwicklung im Zement beitragen kann, muss
sich seine Glasstruktur instabil gegenüber basischen Angriffen verhalten. Als
Grundvoraussetzung dafür werden entmischte Bereiche im Hüttensandglas angesehen[98]. Einen wesentlichen Beitrag zur Festigkeitsentwicklung liefert Ettringit.
Für die Bildung dieses Stoffes spielt der Anteil an Aluminium im Hüttensand, der
nicht in der anfänglichen Reaktion mit Magnesium zu hydrotalkitähnlichen Phasen verbraucht wird, eine entscheidende Rolle[99]. Das überschüssige Aluminium
reagiert zum einen zu Ettringit, zum anderen mit Silicathydrogelen zu Alumosili-
cathydraten, welche eine Barriere für das Eindringen von Wasser in das Hüttensandglas bilden. Hohe Aluminiumgehalte verringern dadurch die Glaskorrosion sowie die Bildung von plastischen Gelen und erhöhen somit die Frühfestigkeit
der Zemente. Im Umkehrschluss weisen aluminiumarme und siliziumreiche Hüttensande durch die Bildung von Korrosionsprodukten geringere Frühfestigkeiten
auf. Diese Erkenntnis unterstützt jahrelange praktische Erfahrungen im Umgang
mit Hüttensand sowie die Bedeutung einer hohen Basizität von Hüttensanden[100].
Die Voraussetzung für die Basizität von Hüttensanden, welche durch die Formel

$$\frac{CaO + MgO}{SiO_2} > 1.0 \tag{5.1}$$

aus der DIN EN 197-1 ausgedrückt wird (Kap. 3.1, S. 13), wird für niedrige Silici-
umdioxidanteile erfüllt und sichert somit eine ausreichende Frühfestigkeit.

Hüttensande sollten nicht mehr Silicium enthalten, als durch Aluminium und Calcium gebunden werden kann. Ein Silicatüberschuss führt zu gelartigen Schichten
um die Hüttensandpartikel und mindert die Festigkeit des Zementleims[101].

---

[93] *Schneider*, 2009: 36; DAfStb, 2007: 33 + 55; *Ehrenberg*, 2006 (Teil 1): 58.
[94] *Özbay / Erdemir / Durmus*, 2015: 426; *Schneider*, 2009: 37.
[95] *Schneider / Meng*, 2002: 48.
[96] *Liu / Bai* et al., 2014: 1485.
[97] *Tigges*, 2010: 16.
[98] *Bruckmann*, 2004: 31.
[99] Verein Deutscher Zementwerke e.V., 2003-2005: 67 + 68.
[100] *Tigges*, 2010: 24 + 95 - 97.
[101] *Tigges*, 2010: 134.

Zum Erreichen hoher Druckfestigkeiten ist zudem ein hoher Glasgehalt erforder-lich[102]. Schneider beschreibt die festigkeitsbildenden Phasen der Zersetzungspro-dukte des Hüttensandglases als „Grundvoraussetzung" für gute Zementeigen-schaften[103]. Dies ergibt sich daraus, dass dieser Anteil der reaktive Bestandteil des Hüttensandes ist und folglich einen hohen Beitrag zur Entstehung festigkeits-steigernden CSH-Phasen liefert.

Jedoch spielt auch die Umgebungstemperatur eine bedeutende Rolle für das Er-starrungsverhalten. Der DAfStb schreibt der Temperatur sogar einen höheren Einfluss zu als der Austauschrate von Zement zu Hüttensand. Bei niedrigen Tem-peraturen werden die Festigkeiten langsamer und bei hohen Temperaturen schneller erreicht.

Im Allgemeinen dient Wärme als Aktivierungsenergie für Reaktionen. Nach der Reaktionsgeschwindigkeits-Temperatur-Regel verdoppelt oder verdreifacht sich die Reaktionsgeschwindigkeit bei einer Erhöhung der Temperatur um 10 °C.

Nach etwa 14 Tagen konnten vergleichbare oder sogar höhere Festigkeiten im Vergleich zu Zementen ohne Hüttensand nachgewiesen werden, wenn die Aus-tauschraten nicht zu hoch sind[104]. Nach 40 Tagen wurden höhere Druckfestigkei-ten als ohne die Verwendung von Hüttensand festgestellt[105]. Hüttensandhaltige Zemente weisen eine höhere Nacherhärtung auf, da sie systematisch langsamer reagieren[106]. Die Verläufe der Festigkeiten von Mörtel zu unterschiedlichen Tem-peraturen ist in Abb. 6 dargestellt. Die Proben enthielten 35 M.-% und 70 M.-% Hüttensand. Als Referenz diente ein reiner Portlandzement[107].

Je höher der Anteil an Hüttensand im Zement ist, desto temperaturempfindlicher zeigt sich die Festigkeitsentwicklung. Vor allem bei reinem Portlandzement be-wirkt eine Erhöhung der Temperatur höhere Anfangsfestigkeiten, da die Reaktion beschleunigt wird. Die Endfestigkeiten bei höheren Temperaturen sind jedoch niedriger. Dies lässt sich auf das Anlagern von Reaktionsprodukten an den unhyd-ratisierten Zementkörnern erklären, was den Wasserzutritt und somit die weitere Hydratation hemmt[108]. Bei den hüttensandhaltigen Zementen ist dieses Phäno-men erst beim Temperaturübergang von 30 °C zu 40 °C (35 M.-%) bzw. von 20 °C auf 30 °C (70 M.-%) zu beobachten. Der Grund dafür ist vermutlich die ohnehin verzögerte Hüttensandreaktion, die bei steigenden Temperaturen unter 30 °C be-schleunigt wird, jedoch nicht zur vorzeitigen Anlagerung von Hydratationspro-dukten an den Körner führt.

---

[102] *Tigges*, 2010: 24.
[103] *Schneider*, 2009: 11.
[104] DAfStb, 2007: 32 - 34.
[105] *Özbay / Erdemir / Durmus*, 2015: 433.
[106] *Schneider / Meng*, 2002: 48.
[107] *Barnett / Soutsos / Millard / Bungey*, 2005: 436.
[108] *Barnett / Soutsos / Millard / Bungey*, 2005: 435.

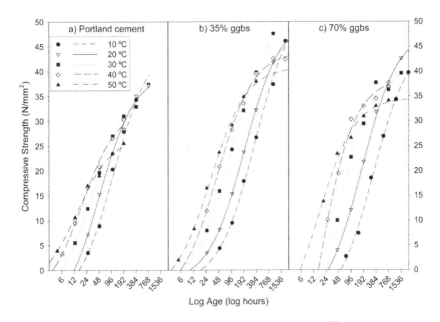

Log Age (log hours)

Abb. 6: Einfluss der Temperatur auf die Festigkeitsentwicklung[109].

Bei der Betrachtung der Hydratation nach 768 Stunden - was 32 Tagen entspricht - nimmt bei 10 °C die Festigkeit mit steigendem Hüttensandgehalt ab. Bei höheren Temperaturen verzeichnen die Mischungen mit Hüttensand wesentlich höhere Werte als der reine Portlandzement. Die höchste Druckfestigkeit für Proben ab 20 °C erreichen solche mit einem Hüttensandgehalt von 35 M.-%. Bei der Probe mit 70 M.-% Hüttensand scheint der Anteil an Portlandzement zu gering zu sein, um den Hüttensand gleichermaßen zu aktivieren.

Der DAfStb nennt bezüglich der Spätfestigkeit eine optimale Austauschrate zwischen 40 und 60 M.-%[110].

Es ist festzuhalten, dass der Zementgehalt für die Frühfestigkeit verantwortlich ist und die Festigkeit zu späteren Zeitpunkten vor allem von der Reaktivität des Hüttensandes abhängt[111]. Festigkeitseinbußen aufgrund der langsameren Hüttensandreaktion können mit höheren Lagerungstemperaturen ausgeglichen werden.

---

[109] *Barnett / Soutsos / Millard / Bungey*, 2005: 436.
[110] DAfStb, 2007: 33.
[111] *Liu / Bai* et al., 2014: 1485.

Außerdem können höhere Anfangsfestigkeiten erreicht werden, wenn der Hüttensand feiner gemahlen ist[112]. Für eine gute Leistungsfähigkeit des Betons sollte somit der Hüttensand feiner sein als der Zement. Diese Voraussetzung ist in der vorliegenden Arbeit für einen der beiden untersuchten Hüttensande gegeben.

Da die Reaktion von hüttensandhaltigen Zementen zeitlich verzögert stattfindet, kommt der Nachbehandlung von Beton mit Hüttensand eine große Bedeutung, vor allem bei niedrigen Umgebungstemperaturen, zu[113]. Eine ausreichende Wärmebehandlung kann die Frühfestigkeit steigern.

Allgemein ist bekannt, dass eine Wärmebehandlung in der frühen Phase der Hydratation zu geringeren Endfestigkeiten führen kann und einen negativen Einfluss auf die Dichte hat. Bei hüttensandhaltigen Betonen war dieser Effekt nicht zu beobachten.

Der DAfStb beschreibt eine optimale Nachbehandlung durch eine Feuchtebehandlung bei Raumtemperatur[114].

Weitere Einflussfaktoren auf die Festigkeitsentwicklung sind zudem unter anderem die Zusammensetzung und Korngrößenverteilung des Hüttensandes, die Art und Menge des Sulfatträgers und der w/b-Wert. Im Allgemeinen steigt die Festigkeit, wenn der w/b-Wert abnimmt. Des Weiteren führt ein höherer Anteil an Feinpartikeln (< 3 µm) zu höheren Frühfestigkeiten und ein höherer Anteil der Partikel im Bereich von 3 bis 20 µm zu einem Anstieg der Endfestigkeiten[115].

Mithilfe des Aktivitätsindexes findet eine Einteilung des Hüttensandmehls in drei Güteklassen, 80, 100, 120 statt[116]. Der Aktivitätsindex ist dabei das Verhältnis der Mittelwerte der Druckfestigkeiten eines Gemisches aus 50 M.-% Hüttensand und 50 M.-% Portlandzement zu der Druckfestigkeit eines Referenzzementes. Die Einteilung der Hüttensande erfolgt nach dem Aktivitätsindex nach sieben und nach 28 Tagen und ist in Tab. 5 aufgelistet[117].

---

[112] *Schneider*, 2009: 12.
[113] DAfStb, 2007: 32 + 56; *Schneider / Meng*, 2002: 49.
[114] DAfStb, 2007: 32 + 33.
[115] DAfStb, 2007: 34 – 36, 56.
[116] DAfStb, 2007: 20, 37 - 38.
[117] *Mukherjee* et al., 2003: 1483.

Tab. 5:   Einteilung Hüttensand nach dem Aktivitätsindex (ASTM C989).

Age and grade	SAI, minimum percent	
	Average of last five consecutive samples	Any individual sample
7-day index		
Grade 80		
Grade 100	75	70
Grade 120	95	90
28-day index		
Grade 80	75	70
Grade 100	95	90
Grade 120	115	110

5.3 Porenstruktur und Dichte

Hüttensandhaltige Zemente erzeugen im Vergleich zu reinem Portlandzement einen Beton mit einer feineren Porenstruktur bei einer etwa gleichen Gesamtporosität[118]. Pietersen beschreibt das Entstehen von relativ porösen „inneren" Hydratationsprodukten im Hüttensandkorn (Kap. 6.2, S. 53), bei einer gleichzeitig erhöhten Dichte in der Zementmatrix. Dies führt im Gesamten zu einer geringeren Durchlässigkeit, wobei sich die Porosität des Systems wenig ändert[119]. Weitere Quellen berichten sogar neben einer Verringerung des Porendurchmessers von einer Reduzierung des Gesamtporenvolumens[120]. Dadurch werden eine erhöhte Dichtigkeit und eine geringere Durchlässigkeit für flüssige und gasförmige Medien realisiert[121]. Eine höhere Dichte wird zusätzlich durch einen geringeren Anteil grober $Ca(OH)_2$-Kristalle erzeugt[122].

Des Weiteren wurde festgestellt, dass Hüttensand im Vergleich zu reinem Portlandzement mehr Dicalciumsilicat und weniger Tricalciumsilicat enthält. Dies erklärt, warum die Hydratationsprodukte von Hüttensanden gelartiger sind, als die von Portlandzement, was die Dichte des Zementleimes erhöht[123].

---

[118] *Schneider / Meng*, 2002: 49; *Schneider*, 2009: 12; *Liu / Bai* et al., 2014: 1486.
[119] *Pietersen*, 1993: 195 + 196.
[120] *Schneider*, 2009: 12; DAfStb, 2007: 38; *Reschke / Siebel / Thielen*, 1999: 27; *Liu /*
    Bai et al., 2014: 1485.
[121] *Ehrenberg*, 2010: 51; DAfStb, 2007: 38; *Schneider / Meng*, 2002: 49.
[122] *Reschke / Siebel / Thielen*, 1999: 27.
[123] *Mukherjee* et al., 2003: 1483.

Chen und Brouwers konnten einen Zusammenhang zwischen der Porosität und
dem Reaktionsgrad des Hüttensandes zeigen. Eine höhere Reaktionsrate des Hüttensandes führt zu einer geringeren Kapillarporosität und einer höheren Gelporosität. Die Kapillarporen nehmen infolge des Wasserkonsums im Laufe der Hydratation ab. Die Gelporosität hängt von der Bildung von gelartigen Phasen, wie beispielsweise CSH, ab. Diese nehmen bei steigendem Reaktionsgrad des Hüttensandes zu. Die geringe C/S-Rate in den vom Hüttensand gebildeten CSH-Phasen för-
dert zudem die Gelbildung. Bezüglich der Gesamtporosität gleichen sich diese Ef-
fekte aus, sodass diese mit einer Veränderung der Reaktionsrate des Hüttensandes nahezu konstant bleibt[124].

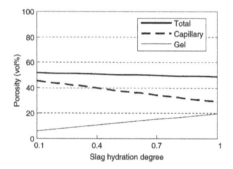

Abb. 7:   Porosität bei Veränderung des Reaktionsgrades von Hüttensand[125].

Resultierend aus den genannten Eigenschaften bezüglich der Porosität, liegt bei
hüttensandhaltigen Betonen ein geringerer natürlicher Luftporengehalt vor, der,
falls erwünscht, mit einem höheren Gehalt an Luftporenbildner kompensiert werden kann[126].

5.4 Widerstand gegen Einwirkungen von außen

Aufgrund der höheren Dichte hüttensandhaltiger Betone sind diese im Allgemeinen widerstandsfähiger gegen Angriffe von außen.

Sie weisen dank ihrem dichteren Gefüge beispielsweise eine geringere Durchlässigkeit für Chloride auf[127]. Zemente, die Hüttensand enthalten, zeigen zudem ein
erhöhtes Bindevermögen für Chlorid im Vergleich zu Portlandzement. Hochofen-

---

[124] *Chen / Brouwers*, 2006: 462.
[125] *Chen / Brouwers*, 2006: 462.
[126] DAfStb, 2007: 31.
[127] *Özbay / Erdemir / Durmus*, 2015: 430.

zement besitzt, verglichen mit Portlandzement, nur etwa 1/100 der Durchlässigkeit für Chloridionen. Der Widerstand erhöht sich bei steigendem Gehalt an Hüttensand und zunehmendem Alter des Betons. Er nimmt weiterhin mit geringer werdenden w/z-Werten zu[128]. Abb. 8 verdeutlicht diese Zusammenhänge.

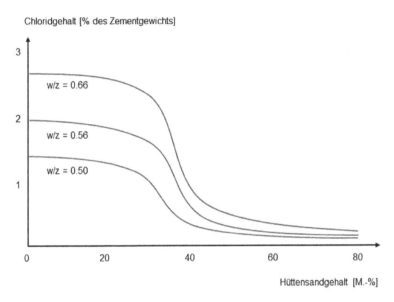

Abb. 8:   Chloridgehalt im Zement[129].

Eine weitere Einwirkung von außen, die den Beton schädigen kann, ist der Sulfatangriff. Darunter wird vor allem die ungewollte Bildung von Ettringit und Gips verstanden. Die Reaktion beider Stoffe führt zu einem Treibeffekt, der zu Rissbildungen und Abplatzungen am Beton führen kann. Als Sulfatangriff wird außerdem die Bildung von Thaumasit ($Ca_3Si(OH)_6(CO_3)(SO_4) \cdot 12H_2O$) bezeichnet. Dabei werden die CSH-Phasen angegriffen, sodass infolgedessen die Festigkeit abnimmt[130].

Hochofenzemente mit Hüttensandgehalten ab 66 M.-% gelten nach der DIN EN 197-1 als Zemente mit hohem Sulfatwiderstand. Vergleichbare Regelungen lassen sich auch in anderen Ländern finden. Laut DAfStb erhöhen Austauschraten ab 50 M.-% den Widerstand des Betons gegen Sulfatangriffe. In der Praxis wurden keine Sulfatschäden an Bauwerken mit Hochofenzementen festgestellt.

---

[128] DAfStb, 2007: 18 + 39; *Tigges*, 2010: 5.
[129] DAfStb, 2007: 18.
[130] *Müllauer*, 2013: 3 + 4.

Die Widerstandsfähigkeit gegen Sulfatangriffe ist neben der Austauschrate auch vom w/b-Wert, vom C_3A-Gehalt des Zementes sowie vom Al_2O_3-Gehalt des Hüttensandes abhängig[131]. Hüttensandhaltige Zemente sind sulfatbeständiger, da sie einen höheren Diffusionswiderstand für Sulfationen aufweisen als Zemente ohne Hüttensand[132]. Dies kann mit der Verringerung des C_3A-Anteils im Beton, infolge eines geringeren Anteils an Zementklinker, zusammenhängen[133]. Das Tricalciumaluminat neigt bei Kontakt mit Sulfat zur Bildung von Ettringit, welches im festen Zementleim zu ungewollten Schädigungen des Materials führen kann.

Im Gegensatz zu den deutschen Erkenntnissen bezüglich des Sulfatwiderstandes, weisen Forscher aus Großbritannien und den USA darauf hin, dass Gemische aus Hüttensand und Portlandzement nicht immer einen erhöhten Sulfatwiderstand aufweisen[134]. In weiterer Literatur wird zwischen einem erhöhten Sulfatwiderstand für Natriumsulfat und einem geringeren Sulfatwiderstand gegenüber Magnesiumsulfat unterschieden[135].

Generell lässt sich jedoch mit steigendem Hüttensandgehalt eine Verbesserung des Widerstandes gegen Sulfationen verzeichnen[136].

Des Weiteren kann beim Einsatz von Hüttensand der Widerstand des Betons gegen Meerwasser erhöht werden. Es muss jedoch zwischen einem dauerhaften Verbleib des Bauteils unter Wasser und Bauteilen im Tidenbereich, die Frost-Tau-Wechseln ausgesetzt sind, unterschieden werden. An zweitgenannten Bauteilen wurden Abplatzungen des Betons festgestellt[137].

Außerdem konnte bei Betonen, die Hüttensand enthalten, erhöhte Widerstandsfähigkeiten gegen Säureangriffe festgestellt werden. Untersuchungen von Betonen, die 20 Jahre lang in einer kalklösenden Kohlensäure lagerten, zeigten, dass der Widerstand bei hüttensandhaltigen Betonen etwa doppelt so groß ist als bei Portlandzementbeton. Die Korrosionstiefe war deutlich geringer, was auch zu einem geringeren Rückgang in der Festigkeit führte[138].

Im Allgemeinen trägt Hüttensand im Beton zur Vermeidung einer schädigenden Alkali-Kieselsäure-Reaktion bei. Dies lässt sich durch die erhöhte Widerstandsfähigkeit gegen Chemikalien erklären. Des Weiteren sind in der Porenlösung, aufgrund des geringeren Anteils an Portlandzementklinker, weniger Alkalien gelöst[139]. Diese sind für eine Alkali-Kieselsäure-Reaktion essentiell. In der Alkali-

---

[131] DAfStb, 2007: 18 + 19, 40 + 56.
[132] *Schneider*, 2009: 4.
[133] VDZ, 2003-2005: 64; DAfStb, 2007: 18 + 19.
[134] DAfStb, 2007: 40.
[135] *Özbay / Erdemir / Durmus*, 2015: 432.
[136] DAfStb, 2007: 40.
[137] DAfStb, 2007: 41.
[138] DAfStb, 2007: 19 + 41.
[139] DAfStb, 2007: 19; *Ehrenberg*, 2006 (Teil 1): 58.

Richtlinie (AlkR 2007) ist festgelegt, dass der Beitrag von Hüttensandmehl zum wirksamen Alkaligehalt vernachlässigt werden darf. Um Zemente mit einem niedrig wirksamen Alkaligehalt herzustellen, ist der zulässige Alkaligehalt für hüttensandhaltige Zemente höher als für Portlandzemente. Dies lässt darauf schließen, dass Hüttensande nur in geringem Umfang zur Alkalität der Porenlösung beitragen.

Bezüglich des Widerstandes gegen Verschleiß weisen hüttensandhaltige Betone ein ähnliches Verhalten wie Betone ohne Hüttensandzusatz auf. Um einen guten Verschleißwiderstand zu erreichen, sollte die Austauschrate jedoch 50 M.-% nicht überschreiten[140]. Zusätzlich lässt sich ein größerer Widerstand gegen Abrieb feststellen[141].

Die erhöhte Dichte und die feiner verteilten Poren erweisen sich jedoch bezüglich des Frost- und Frost-Tausalz-Widerstandes als negativ. Der Druck von eingedrungenem, gefrierendem und somit an Volumen zunehmendem Wasser kann in gleichmäßig verteilten Luftporen abgebaut werden. Fehlen solche Luftporen, so führt die Volumenzunahme des Wassers zu Schädigungen im Betongefüge.

Wird Hüttensand zur Herstellung von Beton verwendet, werden gleiche oder schlechtere Frost- und Frost-Tausalz-Widerstände verzeichnet[142]. Bei hohen Austauschraten und dem Verzicht auf Luftporenbildner kann es zu einer Verringerung des Widerstandes führen. Bei Austauschraten von über 50 M.-% carbonatisiert die Betonoberfläche, sodass dort eine höhere Kapillarporosität entsteht, die den Frost-Tausalz-Widerstand herabsetzt. Durch das Einbringen von zusätzlichen Luftporen und einer angemessenen Nachbehandlung kann dem entgegen gewirkt werden[143]. Bei einer konstanten Festigkeit und gleichem Luftporengehalt ist auch der Frost-Tausalz-Widerstand vergleichbar zu Betonen ohne Hüttensand.

Des Weiteren ist hüttensandhaltiger Beton im Allgemeinen etwas anfälliger für Carbonatisierungsvorgänge. Unter der Carbonatisierung wird im Bauwesen die Reaktion von dem in den Poren befindlichen Calciumhydroxid mit Kohlenstoffdioxid aus der Luft verstanden. Als Reaktionsprodukte entstehen Calciumcarbonat und Wasser.

$$Ca(CO)_2 + CO_2 \rightarrow CaCO_3 + H_2O \qquad (5.2)$$

In der Literatur werden vergleichbare oder schlechtere Widerstandsfähigkeiten gegenüber der Carbonatisierung beschrieben[144]. Ein Grund für eine erhöhte Carbonatisierungsgeschwindigkeit ist, dass aus der latent hydraulischen Reaktion

---

[140] DAfStb, 2007: 41.
[141] *Özbay / Erdemir / Durmus*, 2015: 429.
[142] *Özbay / Erdemir / Durmus*, 2015: 431; *Ehrenberg*, 2006 (Teil 1): 58.
[143] DAfStb, 2007: 39+40.
[144] *Ehrenberg*, 2006 (Teil 1): 58; *Özbay / Erdemir / Durmus*, 2015: 431.

des Hüttensandes kein Calciumhydroxid hervor geht[145]. Das dichtere Gefüge von hüttensandhaltigen Zementen verringert jedoch die Durchlässigkeit für Kohlenstoffdioxid.

Der Carbonatisierungsfortschritt ist zudem stark vom Kohlenstoffdioxidgehalt der Umgebung und der Art und Menge der entstandenen Hydratphasen abhängig. Er wird zudem von der relativen Luftfeuchte der Umgebung beeinflusst[146].

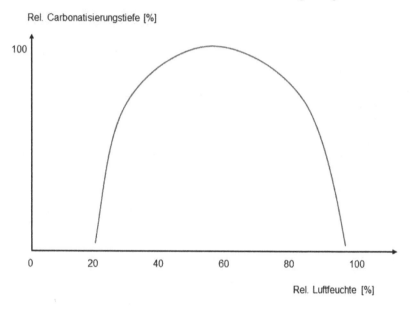

Abb. 9:   Carbonatisierungstiefe in Abhängigkeit von der Luftfeuchte[147].

Vor allem bei einer relativen Luftfeuchte von 65 % sind die Auswirkungen besonders deutlich. Baupraktisch kann dies jedoch vernachlässigt werden. Bei Betonen mit einem hohen Anteil an Hüttensand wurden höhere Carbonatisierungstiefen vor allem in trockener Umgebung festgestellt. In feuchter Umgebung sind sie annähernd gleich.

Der DAfStb beschreibt, dass höhere Austauschraten zu einer schnelleren Carbonatisierung führen können, doch sie sei bedeutend von der Nachbehandlung des Betons abhängig. Des Weiteren wurde herausgefunden, dass die carbonatisierte Randzone von hüttensandhaltigen Betonen im Vergleich zum Inneren des Betons

---

[145] *Schneider / Meng*, 2002: 51.
[146] DAfStb, 2007: 17.
[147] DAfStb, 2007: 16.

eine erhöhte Porosität aufweist. Somit kommt es zu einem Festigkeitsverlust in den Randbereichen[148].

---

[148] DAfStb, 2007: 18, 39 + 56.

6 Reaktivität von Hüttensand

Für das Verständnis der Reaktionen von Hüttensand spielt auch der Hydratationsprozess von Portlandzement eine wichtige Rolle. Die latent hydraulische Eigenschaft von Hüttensand ist bekannt[149]. Zum einen weist er ein ähnliches Reaktionsverhalten auf wie Portlandzement, zum anderen sind auch puzzolanische Eigenschaften erkennbar[150]. Ob Hüttensand puzzolanisch oder latent hydraulisch reagiert scheint von dem Austauschverhältnis mit Zement abzuhängen. Reagiert der Hüttensand latent hydraulisch, dann wird der alkalische Anreger nicht verbraucht. Da Hüttensand ausreichend Calciumoxid enthält, benötigt er, im Gegensatz zu anderen Puzzolanen, dieses Oxid nicht zwingend als Reaktionspartner. Bezogen auf ein Gramm Hüttensand nimmt der Calciumhydroxidverbrauch mit zunehmendem Hüttensandgehalt ab[151].

Hüttensand kann in Verbindung mit Wasser reagieren. Diese Reaktion läuft jedoch sehr verhalten ab und eine im Bauwesen nutzbare Festigkeit wird nicht erreicht. Zum einen lässt sich dieses Verhalten aufgrund des Glasanteils in Hüttensanden erklären. Gläser sind gegenüber Wasser unbeständig[152]. Die schnell zum Stillstand kommende Reaktion von Hüttensand in Wasser ist dadurch charakterisiert, dass sich die Hydratationsprodukte auf der Oberfläche der Hüttensandkörner ansammeln und ein Wasserzutritt gehemmt wird. In Anwesenheit eines Anregers wird diese Schicht für Wasser durchlässiger und die Reaktion kann beschleunigt werden. Je nach Art des Anregers wird zwischen sulfatischer und alkalischer Anregung unterschieden.

Bei der sulfatischen Anregung werden dem Hüttensand sulfathaltige Verbindungen, wie beispielsweise Rohgips oder Anhydrit, zugegeben. Mit den Sulfationen reagiert der Hüttensand zu Ettringit, CSH-Phasen und Aluminiumhydroxid. Hierzu wird ein sehr basischer Hüttensand mit einem hohen Anteil an Calciumoxid und Aluminiumoxid benötigt, der in Deutschland kaum Verwendung findet. Hierzulande ist die sulfatische Anregung somit von untergeordneter Bedeutung, zumal die Sulfathüttenzement-Norm im Jahre 1969 zurückgezogen wurde. Im Jahre 2015 wurde sie als europäische DIN EN 15743 erneut eingeführt.

---

[149] *Pietersen*, 1993: 1.
[150] *Wang / Lee* et. al, 2010: 468.
[151] *Locher*, 2000: 212 - 215.
[152] *Schneider / Meng*, 2002: 47; *Ehrenberg*, 2006 (Teil 1): 49.

Außerdem ist die Reaktionsgeschwindigkeit bei einer ausschließlich sulfatischen Anregung sehr gering.

Die alkalische Anregung von Hüttensand durch die Zugabe von Alkalien, wie zum Beispiel Alkalihydroxid, Alkalicarbonat oder Wasserglas, ist weiter verbreitet und spielt bei Hüttensand-Zement-Gemischen eine bedeutende Rolle. Das Calciumhydroxid, welches als basischer Anteil bei der Hydratation von Zement entsteht, dient dem Hüttensand als Anreger. Die basischen Verbindungen ermöglichen vor allem eine bessere Löslichkeit des Hüttensandglases. Diese steigt mit zunehmendem pH-Wert.

Die Art der Anregung von Hüttensand beeinflusst die Hydratation. Der Anreger kann dabei als Katalysator wirken, also die Reaktion beschleunigen ohne selbst zu reagieren, oder als Reaktionspartner für den Hüttensand fungieren[153].

Für die Betrachtung der Reaktivität von Materialien spielen die chemischen Zusammensetzungen der Ausgangsstoffe eine bedeutende Rolle.

Diese werden in Tab. 6 mit dem durchschnittlichen Anteil beider, in dieser Arbeit verwendeten, Hüttensande und Portlandzementklinker gegenübergestellt.

Tab. 6:   Hauptbestandteile Hüttensand und Portlandzement.

Bestandteil [Summenformel]	Bestandteil [Bezeichnung]	Anteil [M.-%] Hüttensand	Anteil [M.-%] Portlandzement
CaO	Calciumoxid	41.83	66.08
SiO_2	Siliciumdioxid	36.02	22.16
Al_2O_3	Aluminiumoxid	11.76	6.34
MgO	Magnesiumoxid	6.62	-
Fe_2O_3	Eisenoxid	-	3.42

Die Anteile der Bestandteile im Portlandzement wurden mithilfe der Molmassen aus den prozentualen Anteilen der vier Klinkerphasen (Kap. 6.1, S. 49) berechnet.

---

[153] DAfStb, 2007: 9 - 10, 19; *Schneider*, 2009: 3.

Hüttensand weist einen wesentlich höheren Anteil an Siliciumdioxid und etwas mehr Aluminiumoxid im Vergleich zu Portlandzement auf. Außerdem enthält Hüttensand, im Gegensatz zu reinem Zement, Magnesiumoxid. Portlandzement beinhaltet zusätzlich Eisenoxid. Der Anteil von Calciumoxid ist in Portlandzement - verglichen mit Hüttensand - wesentlich höher.

6.1 Reaktionsprozess Portlandzement

Portlandzement besteht im Wesentlichen aus vier Klinkerphasen, die durch das Brennen von Kalkstein und Ton entstehen.

Tab. 7: Klinkerphasen Portlandzement.

Bezeichnung der Klinker-phase	Summenformel	Kurzschreib-weise	Anteil [M.-%][154]
Tricalciumsilicat	$3 \cdot CaO \cdot SiO_2$	C_3S	63
Dicalciumsilicat	$2 \cdot CaO \cdot SiO_2$	C_2S	16
Tricalciumaluminat	$3 \cdot CaO \cdot Al_2O_3$	C_3A	11
Tetracalciumaluminatferrit	$4 \cdot CaO \cdot Al_2O_3 \cdot Fe_2O_3$	$C_4(AF)$	8

Der angegebene Anteil der Klinkerphasen im Portlandzement ist ein durchschnittlicher Wert.

Anzumerken ist, dass diese vier Phasen nicht ausschließlich rein vorliegen, sondern Verunreinigungen, wie zum Beispiel Natrium, Kalium und / oder Magnesium, sowie weitere Stoffe beinhalten kann[155].

Die Reaktionsgleichungen dieser Klinkerphasen in Verbindung mit Wasser lassen sich wie folgt zusammenfassen[156].

---

[154] http://www.schwenk-zement.de/de/Dokumente/Broschueren/Allgemeine-Informationen/Betontechnische-Daten-2013.pdf (05.06.2016, 08:32).
[155] *Pietersen*, 1993: 7.
[156] *Meinhard / Lackner*, 2008: 794; *Chen*, 2007: 20; *Pietersen*, 1993: 8 - 10.

$$2 \cdot C_3S + 6 \cdot H \rightarrow C_3S_2H_3 + 3 \cdot CH \qquad = CSH \text{ und Calciumhydroxid} \quad (6.1)$$

$$2 \cdot C_2S + 4 \cdot H \rightarrow C_3S_2H_3 + CH \qquad = CSH \text{ und Calciumhydroxid} \quad (6.2)$$

$$C_3A + 3 \cdot C\bar{S}H_2 + 26 \cdot H \rightarrow C_6A\bar{S}_3H_{32} \qquad = \text{Ettringit (AFt)} \quad (6.3)$$

$$2 \cdot C_3A + C_6A\bar{S}_3H_{32} + 4 \cdot H \rightarrow 3 \cdot C_4A\bar{S}H_{12} \qquad = \text{Monosulfat (AFm)} \quad (6.4)$$

$$C_3A + CH + 12 \cdot H \rightarrow C_4AH_{13} \qquad = \text{Calciumaluminathydrat} \quad (6.5)$$

$$C_4AF + 2 \cdot CH + 10 \cdot H \rightarrow C_6(A,F)H_{12} \qquad = \text{Hydrogarnet} \quad (6.6)$$

Die gebildeten Reaktionsprodukte sind vor allem CSH-Phasen, Calciumhydroxid, Calciumaluminathydrat, Ettringit, Hydrogarnet und Monosulfat[157]. Die Zusammensetzungen der Hydratationsprodukte können variieren und werden in der Literatur teilweise unterschiedlich angegeben. Bei der Reaktion der Calciumsilicate zu CSH-Phasen entsteht zudem Calciumhydroxid (1+2). Dieses wird in den Gleichungen (5) und (6) als Reaktionspartner benötigt. Liegt kein Sulfat vor, so reagiert das Tricalciumaluminat zu Tetracalciumaluminathydrat (5). Ist Sulfat in der Lösung vorhanden, so bilden sich Calciumaluminatsulfathydrate. Dabei entsteht in sulfatreichen Lösungen in Verbindung mit Gips Ettringit (3)[158]. Des Weiteren bildet sich aus Tricalciumsilicat und Ettringit Monosulfoaluminat (4)[159]. Liegt Sulfat in der Lösung vor, so finden außerdem Reaktionen des Tetracalciumaluminatferrits zu Aluminatferrit-Trisulfat (AFt: $C_3(A,F) \cdot 3C\bar{S} \cdot 32H$) und Aluminatferrit-Monosulfat (AFm: $C3(A,F) \cdot C\bar{S} \cdot 12H$) statt.

Im Laufe des gesamten Hydratationsprozesses regieren Tricalciumaluminat und Tricalciumsilicat relativ schnell. Das Tricalciumaluminat besitzt dabei die höchste Reaktionsgeschwindigkeit. Tetracalciumaluminatferrit reagiert erst sehr spät. In manchen Modellen wird angenommen, dass es im ersten Hydratationsjahr noch nicht an den Reaktionen beteiligt ist. Die Calciumsilicate reagieren während der Hydratation zu festigkeitsbildenden Calciumsilicathydraten - kurz CSH. Diese können in ihrer Zusammensetzung stark variieren[160]. Ihre allgemeine Formel lautet:

$$mCaO \cdot SiO_2 \cdot nH_2O \qquad (6.7)$$

In dieser Summenformel beschreibt m das Molverhältnis von Calciumoxid zu Siliziumdioxid (C/S). In den meisten Modellen wird für die bei der Hydratation entstehenden CSH-Phasen ein C/S-Verhältnis von 1.7 festgelegt[161]. Kolani und Buffo-

---

[157] *Chen / Brouwers*, 2006: 445.
[158] Verein Deutscher Zementwerke e.V., 2002: 113.
[159] *Meinhard / Lackner*, 2008: 794.
[160] Verein Deutscher Zementwerke e.V., 2002: 109 - 110, 112 – 114; *Stephant / Chomat*, 2015: 8.
[161] *Stephant / Chomat*, 2015: 8;

Lacarrière setzen hierfür einen Wert von 1.75 an[162]. Der Verein Deutscher Zementwerke e.V. gibt an, dass bei Portlandzement für dieses Verhältnis Werte über 1.5 realistisch sind[163]. Das C/S-Verhältnis ist zudem abhängig von dem w/z-Wert. C_3S bestimmt vor allem die Frühfestigkeitsentwicklung des Zementes, wohingegen C_2S die Festigkeit mit zunehmendem Alter prägt.

Zur Erstarrungsregelung wird dem Portlandzement Calciumsulfat zugegeben. Ohne diesen Sulfatträger würde der Zement in Verbindung mit Wasser sofort erstarren. Als optimaler Erstarrungsregler wird ein Gemisch aus Gips und Anhydrit genannt[164].

Der Verein Deutscher Zementwerke e.V. untergliedert die Hydratation von Portlandzement in vier Stufen. Der Reaktionsprozess beginnt bei Kontakt des Zementes mit Wasser mit einer Prä-Induktionsperiode, in der eine kurze, aber intensive Reaktion stattfindet. In dieser Phase gehen die Calcium- und Alkalisulfate in Lösung. Tricalciumaluminat beginnt zu Ettringit zu reagieren und Tricalciumsilicat bildet erste CSH-Phasen aus. Die Reaktionsprodukte lagern sich an den Zementpartikeln an, sodass zunächst der Kontakt zum Wasser unterbrochen wird. Eine Ruhe- bzw. Induktionsperiode beginnt[165]. In dieser Phase ist die Hydratation nahezu vollständig unterbrochen[166]. Wang und Lee beschreiben, dass kleinere Zementpartikel schneller reagieren und somit für diese die Ruhephase verkürzt ist.

Das Wasser, welches zu diesem Zeitpunkt im Leim vorhanden ist, lässt sich in „verdunstbares" und „nicht verdunstbares" Wasser untergliedern. Letzteres liegt als chemisch gebundenes Wasser vor. Das „verdunstbare" Wasser beinhaltet das Kapillar- und Gelwasser. Für die weitere Hydratation steht lediglich das Kapillarwasser zur Verfügung. Liegt ein w/z-Wert von unter 0.38 vor, so kann die Hydratation nicht vollständig ablaufen. In einem weiteren Artikel wird ein Wert von 0.42 angegeben[167]. Ist ausreichend Wasser vorhanden, so geht der Prozess erneut in eine intensive Hydratationsphase über. Es werden weitere CSH-Phasen, Ettringit und Calciumhydroxid gebildet. Nach etwa 24 Stunden nimmt die Hydratationsrate ab; die Verfestigung nimmt jedoch im Zeitverlauf weiter zu[168]. Die vier Phasen der Zementhydratation sind in Abb. 10 dargestellt.

---

[162] *Kolani / Buffo-Lacarrière* et al., 2012: 1012.
[163] *Tigges*, 2010: 18; Verein Deutscher Zementwerke e.V., 2002: 122.
[164] Verein Deutscher Zementwerke e.V., 2002: 109 - 119.
[165] *Pietersen*, 1993: 11; Verein Deutscher Zementwerke e.V., 2002: 114 + 116.
[166] Verein Deutscher Zementwerke e.V., 2002: 116; *Wang / Lee*: 2010: 985.
[167] *Wang / Lee*: 2010: 986 + 987; *Wang / Lee* et. al, 2010: 470.
[168] Verein Deutscher Zementwerke e.V., 2002: 117 + 118.

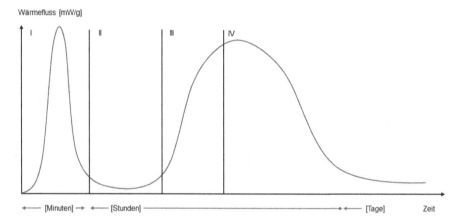

Abb. 10:   Hydratationsphasen von Portlandzement.

Zur Modellbildung wird die Reaktion von Portlandzement häufig in nur drei Phasen unterteilt. Wird dem Portlandzement Wasser beigefügt, so startet der Hydratationsprozess zunächst mit der Induktion. In dieser Phase werden die Klinkerphasen gelöst. Diese Phase ist vergleichbar mit der Prä-Induktionsperiode. Sie wird als sehr kurzweilig beschrieben und eine konstante Reaktionsrate wird angenommen. Wang und Lee verwenden als erste Phase eine Ruhephase. Als zweite Phase wird die Wachstumsperiode genannt, welche die Hydratation des Zementklinkers beschreibt. Sie dauert an, bis ein kritischer Reaktionsgrad erreicht ist. Danach läuft die Reaktion diffusionskontrolliert ab. Das bedeutet, dass die Reaktion darauf beschränkt ist, wie viele gelöste Ionen durch die, auf den Zementpartikeln haftenden, Hydratschichten gelangen. Der Hydratationsgrad ist dabei beispielsweise von der Partikelgröße abhängig[169]. Abb. 11 zeigt den Bildungsprozess der „äußeren" und „inneren" Hydratationsprodukte eines Zementkorns.

Die Reaktivität von Portlandzement ist von vielen weiteren Faktoren abhängig. So steigt die Reaktivität beispielsweise bei einer feineren Mahlung und bei erhöhten Ausgangs- und Umgebungstemperaturen[170]. Auch das w/z-Verhältnis, die Partikelgrößenverteilung sowie die exakten Massenanteile der Bestandteile beeinflussen den Prozess[171].

---

[169] *Wang / Lee*, 2010: 986; *Meinhard / Lackner*, 2008: 795.
[170] Verein Deutscher Zementwerke e.V., 2002: 121.
[171] *Wang / Lee* et. al, 2010: 469.

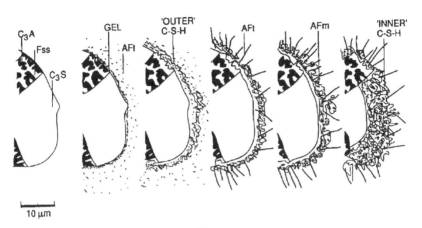

Abb. 11: Hydratation eines Zementkorns[172].

6.2 Reaktionsprozess Hüttensand

Hüttensand weist eine ähnliche Zusammensetzung wie Portlandzementklinker auf. Die Hauptbestandteile sind Calciumoxid, Siliziumdioxid, Aluminiumoxid, Magnesiumoxid und Schwefeltrioxid[173]. Im Vergleich zu Portlandzement enthält Hüttensand im Allgemeinen mehr Aluminiumoxid (Tab. 4)[174]. Die Produkte, die während des Hydratationsprozesses entstehen, unterscheiden sich nicht grundlegend von denen bei der Portlandzementhydratation. Primär werden Calciumsilicathydrate (CSH), Hydrotalcit (M_5AH_{13}), Hydrogarnet ($C_6AFS_2H_8$), Ettringit ($C_6AS_3H_{32}$) und Calciumaluminathydrat (C_4AH_{13}) gebildet[175].

Auf Grund der hohen Komplexität der einzelnen Hüttensandreaktionen wird die Reaktionsgleichung vereinfacht wie folgt angegeben:

$$C + S + A + M + S + F + H$$

$$\rightarrow C\,S\,(A)\,H + M_5AH_{13} + C_6AFS_2H_8 + C_6AS_3H_{32} + C_2ASH_8 + C_4AH_{13} \qquad (6.8)$$

Die Anteile der Oxide im Hüttensand bestimmen maßgeblich die Bildung der Reaktionsprodukte[176]. Im Gegensatz zur Reaktion von Portlandzement ist das C/S-Verhältnis im Hüttensand zu gering, um Calciumhydroxid zu bilden[177]. Das

---

[172] *Pietersen*, 1993, 12.
[173] *Chen / Brouwers*, 2006: 447; *Meinhard / Lackner*, 2008: 798.
[174] *Pietersen*, 1993: 208.
[175] *Chen / Brouwers*, 2006: 447.
[176] *Meinhard / Lackner*, 2008: 798.
[177] *Stephant / Chomat*, 2015: 2.

Aluminiumoxid im Hüttensand reagiert zunächst zu Ettringit, Hydrogarnet und Hydrotalcit, bevor der Rest das Silicat in den CSH-Phasen ersetzt. Dabei bestimmt das C/S-Verhältnis des ursprünglichen Hüttensandes die Austauschrate. Ist dann noch Aluminiumoxid vorhanden, so bildet sich Calciumaluminathydrat und Straetlingit (C_2ASH_8)[178]. Obwohl die Hydratationsprodukte wenig von denen des reinen Portlandzementes abweichen[179], ist das C/S-Verhältnis der Calciumsilicathydrate bei der Reaktion von Hüttensand mit Wasser wesentlich geringer[180]. In Kombination mit Portlandzement weist dieses Verhältnis Werte zwischen 1.2 und 1.5 auf[181]. Wird der Hüttensandgehalt im Gemisch erhöht, so sinkt das C/S-Verhältnis und die A/S-Rate in den CSH- und CSAH-Phasen steigt[182]. Des Weiteren benötigen die Reaktionsprodukte von Hüttensand im Allgemeinen mehr Wasser, sodass ein höherer w/b-Wert erforderlich ist[183].

In der Modellbildung wird die Hüttensandreaktion in drei Phasen eingeteilt. Wie auch bei der Zementreaktion beginnt sie mit einer Ruhephase, geht dann in eine Grenzphasenreaktion über, um mit dem Diffusionsprozess abzuschließen[184].

Tritt Hüttensand in Kontakt mit Wasser, so bildet sich ein wasserundurchlässiger Überzug von Aluminiumsilicat auf den Hüttensandpartikeln. Liegt kein Aktivator vor, wird die Reaktion dadurch gehemmt. Zudem benötigt das Silicat ein Milieu mit einem pH-Wert von über 11.5, um in Lösung zu gehen[185]. Als alkalischer Aktivator wird nachfolgend das Calciumhydroxid betrachtet, welches bei der Hydratation von Portlandzement entsteht.

Dabei fungiert das Calciumhydroxid des Zementes nicht ausschließlich als Katalysator, sondern dient dem Hüttensand zudem als Reaktionspartner[186]. Das vom Portlandzement gebildete Calciumhydroxid reagiert mit den Ca^{2+}-, AlO_4^{5-}-, Al^{3+}- und SiO_4^{2-}-Ionen aus dem Hüttensand zu neuen CSH- und CSAH-Phasen[187].

Des Weiteren findet eine sulfatische Anregung des Hüttensandes durch den, dem Zement beigefügten, Sulfatträger statt[188].

Die Reaktion von Hüttensand in Verbindung mit Portlandzement lässt sich im Allgemeinen in zwei Schritte einteilen. Es wird davon ausgegangen, dass zunächst

---

[178] *Meinhard / Lackner*, 2008: 798.
[179] Verein Deutscher Zementwerke e.V., 2002: 121; *Mukherjee* et al., 2003: 1483.
[180] *Meinhard / Lackner*, 2008: 798; *Chen / Brouwers*, 2006: 446;
        Wang / Lee et. al, 2010: 468.
[181] Verein Deutscher Zementwerke e.V., 2002: 121.
[182] *Chen / Brouwers*, 2006: 446.
[183] *Wang / Lee* et. al, 2010: 471.
[184] *Wang / Lee* et. al, 2010: 471.
[185] *Meinhard / Lackner*, 2008: 798; *Wang / Lee*: 2010: 987; *Pietersen*, 1993: 194.
[186] *Chen / Brouwers*, 2006: 445.
[187] *Liu / Bai* et al., 2014: 1486.
[188] Verein Deutscher Zementwerke e.V., 2002: 121.

die Alkalien des Portlandzementes und dann das Calciumhydroxid die Anregung des Hüttensandes bestimmen[189].

Pietersen geht in seinen Untersuchungen genauer auf die Bildung von Hydratationsprodukten bei hüttensandhaltigen Zementen ein. Bei der Betrachtung der einzelnen Hüttensandpartikel konnte festgestellt werden, dass Calciumoxid, Aluminiumoxid und Siliciumdioxid aus dem Korn austreten, um zur Bildung von CSH-Phasen beizutragen. Des Weiteren wurde die Bildung von C_3AH_6 nachgewiesen. Diese Reaktionsprodukte werden als „äußere" Hüttensandhydrate bezeichnet. Im Umkehrschluss konnte ein erhöhter Magnesiumoxidgehalt im Hüttensandkorn nachgewiesen werden. Dies führt zur Bildung von hydrotalkitähnlichen Produkten im Inneren der Körner, welche als „innere" Hüttensandhydrate bezeichnet werden. Aufgrund des anfänglich gebildeten, gelartigen Überzuges der Hüttensandkörner entsteht eine Art Membran, die ein chemisches Potential zwischen den Komponenten schafft. Die Diffusion der Stoffe vom Hüttensandkorn in die Zementmatrix findet durch diese Membran statt[190].

Je mehr Hüttensand in einem Zementgemisch vorhanden ist, desto geringere Werte an Calciumhydroxid wurden gemessen. Diesbezüglich stimmen die Ergebnisse aus der Literatur mit den Erkenntnissen dieser Arbeit überein (Kap. 8.2.1, S. 99). Die Messungen von Escalante-Garcia und Mancha et al. ergaben nach sieben Tagen einen annähernd gleich großen Gehalt an Calciumhydroxid bei reinem Portlandzement und bei hüttensandhaltigen Zementen. Nach 14 Tagen konnte jedoch eine eindeutige Verringerung festgestellt werden. Diese Ergebnisse stehen im Widerspruch zu denen aus dieser Arbeit. Wie unter 8.2.1. ausführlicher beleuchtet, nimmt auch nach sieben Tagen der Gehalt an Calciumhydroxid bei steigendem Hüttensandgehalt nahezu linear ab.

Nach 28 Tagen sinkt die Reaktionsrate des Portlandzementklinkers und die Reaktion des Hüttensandes mit dem Konsum von Calciumhydroxid wird weiter fortgeführt[191].

Die Reaktionsprodukte von Zement-Hüttensand-Gemischen setzen sich aus den zuvor genannten Produkten der beiden Ausgangsstoffe zusammen. Dabei variiert der Wassergehalt der Reaktionsprodukte in Abhängigkeit des Hydratationsgrades[192]. Liu und Bai et al. nennen auf der Basis von XRD-Messungen (X-Ray Diffraction, Röntgendiffraktometrie) Calciumhydroxid und Ettringit als Hauptprodukte der Hydratation von hüttensandhaltigen Zementen[193].

---

[189] *Chen / Brouwers*, 2006: 445; *Mukherjee* et al., 2003: 1483.
[190] *Pietersen*, 1993: 66 - 68.
[191] *Escalante-Garcia / Mancha* et al., 2001: 1408.
[192] *Chen / Brouwers*, 2006: 445 + 446.
[193] *Liu / Bai* et al., 2014: 1487; *Escalante-Garcia / Mancha* et al., 2001: 1408.

Der Bedarf des Hüttensandes nach Calcium wird durch den Konsum aus den Reaktionsprodukten des Portlandzementes gestillt. Das C/S-Verhältnis der CSH-Phasen in hüttensandhaltigem Zement ist, wie zuvor beschrieben, geringer als in reinem Portlandzement[194]. Die CSH-Phasen in Zementen mit Hüttensand weisen einen niedrigeren Gehalt an Calciumoxid und einen höheren Anteil an Aluminium-
und Magnesiumoxid auf. Der Anteil von Calciumoxid in den CSH-Phasen nimmt
mit zunehmendem Hüttensandgehalt ab. Das Verhältnis von Aluminiumoxid zu
Siliciumdioxid ist bei diesen Zementen um etwa fünf Mal größer als bei Portlandzementen[195].

Im Allgemeinen weist Hüttensand eine geringere Reaktionsrate als Portlandzement auf. So wurde festgestellt, dass nach einem Jahr etwa 90 – 100 % des Portlandzementes und nur 50 – 70 % des Hüttensandes reagiert haben[196]. Weitere
Quellen geben eine Reaktionsrate des Hüttensandes nach 28 Tagen von 30 bis 55
% und nach zwei Jahren von 45 bis 75 % an[197]. Diese Rate ist von einigen Faktoren
abhängig, wie beispielsweise dem w/b-Verhältnis, der Austauschrate mit Zement
sowie der Nachbehandlungsdauer und -temperatur. Wird die Nachbehandlungs-
temperatur erhöht, so steigt die Reaktivität des Hüttensandes. Gleiches lässt sich
zudem bei steigendem w/b-Wert (von 0.35 auf 0.5) beobachten, da für die Bildung
der Hydratationsprodukte mehr Platz zur Verfügung steht. Wird die Austauschrate des Hüttensandes zum Zementanteil verringert (von 50 M.-% auf 30 M.-%),
so ist eine gesteigerte Reaktivität aufgrund eines verhältnismäßig höheren Alka-
ligehaltes zu vermerken. Diese Beobachtung lässt sich außerdem durch einen höheren pH-Wert bei erhöhtem Gehalt an Portlandzementklinker erklären[198].

6.3 Definition Reaktivität

Die meisten Untersuchungen definieren die Reaktivität von Hüttensand über die
Festigkeitsentwicklung. Genau genommen beschreibt die Reaktivität jedoch den
Hydratationsgrad eines Stoffes, also für Hüttensand die Fähigkeit selbst oder mithilfe des Calciumhydroxides aus der Zementhydratation Reaktionsprodukte zu bilden[199]. Werden Druckversuche zur Bestimmung der Reaktivität von Hüttensand
verwendet, so können falsche Schlüsse gezogen werden. Die Druckfestigkeit des
Betons hängt stark von der Gesteinskörnung ab, die den chemisch weitgehend

---

[194] *Chen / Brouwers*, 2006: 445.
[195] *Locher*, 2000: 214 + 215.
[196] *Chen / Brouwers*, 2006: 445.
[197] *Meinhard / Lackner*, 2008: 801; *Escalante-Garcia / Mancha* et al., 2001: 1403.
[198] *Wang / Lee* et. al, 2010: 469, 472 + 473; *Stephant / Chomat*, 2015: 6.
[199] Verein Deutscher Zementwerke e.V., 2003-2005: 64 + 65; *Reschke / Siebel / Thielen*, 1999: 33.

inerten Teil des Systems ausmacht. Die Annahme, dass die Festigkeitsentwicklung der Stoffe proportional von der chemischen Reaktivität der Materialien abhängt, konnte in einigen Untersuchungen widerlegt werden. Es wurde gezeigt, dass Betone mit einer hohen Druckfestigkeit ein chemisch eher zurückhaltendes Verhalten aufweisen und im Gegenzug leistungsschwache Betone, mit niedrigeren Festigkeiten, in wässriger Umgebung schneller reagieren und mehr Wasser abbinden. Die unterschiedliche Wasseraufnahme hat zudem eine Veränderung der Hüttensandoberfläche zur Folge. Reaktivere Hüttensande weisen eine stark abgerundete Oberfläche auf[200]. Eine höhere Festigkeit erklärt folglich nicht zugleich eine hohe Reaktivität[201].

Diese Beobachtungen könnten sich dadurch erklären lassen, dass der Anteil des Aluminiums, welches nach anfänglichen Reaktionen noch verfügbar ist, möglicherweise Verbindungen eingeht, die die Geschwindigkeit der weiteren Wasseraufnahme verringern. Dadurch würde auch der Hydratationsfortschritt behindert werden[202]. Die chemischen Reaktionen von Hüttensand in Wasser scheinen Reaktionsprodukte zu bilden, die die Druckfestigkeiten des Mörtels, vor allem anfänglich, herabsetzen. Die Endfestigkeit ist jedoch meist höher als bei Portlandzementen[203].

6.4 Modellbildungen und aktueller Forschungsstand

Die Hüttensandreaktionen sowie deren Interaktion mit der Zementhydratation sind sehr komplex und noch nicht vollständig erforscht. Im Folgenden werden Ansätze zur Modellbildung der Reaktionen erläutert und ein Überblick über den aktuellen Forschungsstand gegeben.

6.4.1   Chen und Brouwers - 2006

Es existieren einige Forschungsergebnisse, die das Reaktionsverhalten und die entstehenden Produkte von Portlandzement-Hüttensand-Gemischen in Abhängigkeit von der Zusammensetzung der Ausgangsstoffe darstellen. In der Arbeit von Chen und Brouwers beispielsweise wurde die Interaktion der Hydratationsprozesse von Hüttensand und Portlandzement untersucht. Ihre Modelle sollen der Vorhersage von Eigenschaften der Produkte, wie zum Beispiel der Porosität, dienen. Über die Oxidzusammensetzung des Portlandzementes und des Hüttensandes können Aussagen über die Bestandteile der Hydratationsprodukte gemacht werden[204]. Hierfür wurden zunächst Annahmen für beide Hydratationsprozesse

---

[200] Verein Deutscher Zementwerke e.V., 2003-2005: 65.
[201] *Tigges*, 2010: 26; DAfStb, 2007: 38.
[202] Verein Deutscher Zementwerke e.V., 2003-2005: 67; *Tigges*, 2010: 1.
[203] *Tigges*, 2010: 26 + 77.
[204] *Chen / Brouwers*, 2006: 444.

im Einzelnen getroffen, welche Chen und Brouwers dann in drei Modellen zusammenführten.

Als Hauptbestandteile des Hüttensandes wurden Calciumoxid, Siliciumdioxid, Aluminiumoxid, Magnesiumoxid und Schwefeltrioxid betrachtet. Die gebildeten Hydratationsprodukte können zu CSH-Phasen, Hydrotalcit (M_5AH_{13}), Ettringit ($C_6AS_3H_{32}$) und Calciumaluminathydrat (C_4AH_{13}) zusammengefasst werden[205]. Stephant und Chomat et al. merken dazu an, dass die Bildung dieser Phasen stark von dem Aluminium- und Magnesiumanteil des Hüttensandes abhänge. In XRD-Messungen wiesen sie beispielsweise die Bildung von Aluminatferrit-Monosulfat (AFm) nach, die in dem Modell von Chen und Brouwers nicht berücksichtigt wurde[206].

Unter den getroffenen Annahmen lässt sich erkennen, dass das gesamte Magnesiumoxid zu Hydrotalcit und das Schwefeltrioxid einzig zu Ettringit reagieren. Darüber können die Molmassen an verbleibendem Calcium- und Aluminiumoxid (nC^* und nA^*) bestimmt werden.

Der Hüttensand bewirkt einen Austausch der Silicatanteile in den CSH-Phasen durch Aluminiumoxid. Diese Austauschrate ist jedoch beschränkt. Taylor gibt ein maximales A/C-Verhältnis von 0.01 an und Richardson beschreibt den Zusammenhang dieses Verhältnisses zur S/C-Rate in den CSH-Phasen wie folgt:

$$\frac{S}{C} = 0.4277 + 4.732 \cdot \frac{A}{C} \tag{6.9}$$

Es wurde zudem angenommen, dass das restliche Aluminiumoxid mit Calciumoxid zu Calciumaluminathydrat reagiert. Die Reaktionsgleichung lässt sich nun vereinfacht darstellen:

$$C_{nC^*}S_{nS}A_{nA^*} + n_H \cdot H \rightarrow n_S \cdot C_{\left(\frac{C}{S}\right)}SA_{\left(\frac{A}{S}\right)}H_x \quad (+ n_{AH} \cdot C_4AH_{13}) \tag{6.10}$$

Hierbei bezeichnet n_i jeweils die Molmasse des Stoffes i. In der Formel steht x für das H/S-Verhältnis der CSH-Phase. C_4AH_{13} wird nur gebildet, wenn noch Aluminumoxid für die Reaktion vorhanden ist.

Bezüglich des Hydratationsprozesses von Portlandzementklinker wurden nur die Calciumsilicate - C_2S und C_3S - betrachtet, da diese über die Bildung von Calciumhydroxid mit der Hüttensandreaktion verbunden sind. Es wurde angenommen, dass jede Klinkerphase unabhängig von den anderen reagiert. So können zunächst die Molmassen n_i der einzelnen Zementklinkerphasen bestimmt werden:

---

[205] *Chen / Brouwers*, 2006: 447.
[206] *Stephant / Chomat et al.*, 2015: 9.

$$n_i = \frac{m_p \cdot x_i}{M_i} \qquad (6.11)$$

m_p bezeichnet dabei die Masse des Portlandzementes, x_i den Massenanteil der Klinkerphase i und M_i die molare Masse von i in g/mol. Das C/S-Verhältnis der CSH-Phasen wurde auf 1.8 festgelegt, da dieser Wert häufig in der Literatur für Zement vorzufinden ist. Die Reaktionsgleichungen der beiden Calciumsilicate wurden anschließend wie folgt zusammengefasst:

$$C_3S + (1.2 + x) \cdot H \rightarrow C_{1.8}SH_x + 1.2 \cdot CH \qquad (6.12)$$

$$C_2S + (0.2 + x) \cdot H \rightarrow C_{1.8}SH_x + 0.2 \cdot CH \qquad (6.13)$$

x bezeichnet erneut den Wassergehalt in den CSH-Phasen. Über diese Reaktionsgleichungen und die Information über die Zusammensetzung des Portlandzementes - Anteil C_2S und C_3S - lässt sich der Anteil an gebildeten CSH-Phasen und dem Calciumhydroxid berechnen.

Mit diesen Kenntnissen haben Chen und Brouwers drei Reaktionsmodelle von Hüttensand-Zement-Gemischen erarbeitet, die sich im Grad der Interaktion beider Ausgangsstoffe untereinander unterscheiden. Die Modelle gehen von anderen Annahmen des Einbezugs von Calciumhydroxid in die Hüttensandreaktion aus. Das Verhältnis von Hüttensand zu Portlandzement und deren Hydratationsgrade spielen bei der Modellbildung eine bedeutende Rolle. Die Reaktionsgrade sind dabei von vielen Faktoren, wie zum Beispiel von dem w/b-Wert, der Temperatur und der Feinheit beider Komponenten, abhängig. Zur Analyse der Reaktion wurde ein relativer Reaktionsgrad betrachtet. Er setzt den Reaktionsgrad vom Hüttensand in das Verhältnis zum Reaktionsgrad des Klinkers. Für dieses Modell wurde die Annahme getroffen, dass der Portlandzementklinker vollständig hydratisiert. Diese Annahme entspricht in etwa der Hydratation nach einem Jahr. Demnach konnte als relativer Hydratationsgrad lediglich der Hydratationsgrad des Hüttensandes betrachtet werden.

Untersuchungen und die Auswertung der thermogravimetrischen Analyse in dieser Arbeit haben gezeigt, dass der Calciumhydroxidgehalt bei steigendem Hüttensandgehalt abnimmt. Demzufolge scheint dieser Gehalt von entscheidender Bedeutung bei der Beschreibung der Hüttensand-Zement-Reaktion zu sein. Dabei kann der Gehalt an Calciumhydroxid, der in die Reaktion von Hüttensand eingeht, ein Teil oder die Gesamtheit des vom Portlandzement gebildeten Calciumhydroxids sein. Die Gleichung der zuvor beschriebenen Hüttensandreaktion wurde um das Calciumhydroxid erweitert:

$$C_{nC*}S_{nS}A_{nA*} + n_{CH*} \cdot CH + n_H \cdot H \rightarrow n_S \cdot C_{\left(\frac{C}{S}\right)}SA_{\left(\frac{A}{S}\right)}H_x \ (+ n_{AH} \cdot C_4AH_{13}) \qquad (6.14)$$

Wobei n_{CH*} die Molmasse des Calciumhydroxides beschreibt, welches in die Hüttensandreaktion eingeht. Weiterhin wurde angenommen, dass die CSH-Phasen

beider Ausgangsstoffe das gleiche C/S-Verhältnis aufweisen. Die Reaktionsgleichungen von Hüttensand und Portlandzement können dann zu einer Reaktionsgleichung zusammengefügt werden:

$$n_{C3S} \cdot C_3S + n_{C2S} \cdot C_2S + n_{C_{nC*}S_{nS}A_{nA*}} + n_H \cdot H$$

$$\rightarrow n_S \cdot SA_{\left(\frac{A}{S}\right)}H_x + (n_{C3S} + n_{C2S}) \cdot C_{\left(\frac{C}{S}\right)}SH_x + \left(n^p_{CH} - n^{hs}_{CH}\right) \cdot CH \; (+ \, n_{AH} \cdot \qquad (6.15)$$

$$C_4AH_{13})$$

Es wurde angenommen, dass Aluminiumoxid nur in die CSH-Phasen substituiert
wird, die vom Hüttensand gebildet werden. n^p_{CH} und n^{hs}_{CH} geben jeweils die Molmassen von Calciumhydroxid an, die vom Portlandzementklinker (p) produziert
und vom Hüttensand (hs) konsumiert werden. Über das Verhältnis von C/S kann
das Molgleichgewicht ausgerechnet werden. Es variiert je nachdem welcher Anteil des Calciumhydroxides in die Reaktion des Hüttensandes eingeht. Die A/S-
Rate wurde nach der Gleichung von Richardson – Formel (6.9) - angenommen. Darauf aufbauend wurden drei Modelle gebildet.

Das erste Modell folgt der Annahme, dass kein Calciumhydroxid aus der Hydratation des Portlandzementes mit dem Hüttensand reagiert. Das C/S-Verhältnis kann
für zwei Fälle berechnet werden. Zum einen mit der Annahme, dass das maximale
Substitutionsniveau von Aluminiumoxid in den CSH-Phasen nicht erreicht wird
und demnach auch kein Calciumaluminathydrat (C_4AH_{13}) gebildet wird und zum
anderen mit der Reaktion des Aluminiumoxides zu dem Produkt. In diesem Modell
werden beide Hydratationsprozesse als unabhängig betrachtet; lediglich die jeweils gebildeten CSH-Phasen interagieren untereinander.

Für das zweite Modell wird angenommen, dass das vom Portlandzement gebildete
Calciumhydroxid mit dem Hüttensand zu CSH-Phasen reagiert. Somit soll ein C/S-
Verhältnis in den CSH-Phasen von 1.8 erreicht werden, wie es auch für die reine
Zementhydratation angenommen wird. Ist das komplette Calciumhydroxid verbraucht, so sinkt dieses Verhältnis bei zunehmendem Hüttensandgehalt. Auch
hier wird unterschieden, ob C_4AH_{13} gebildet wird oder nicht. Es lässt sich jeweils
der Hüttensandgehalt bestimmen, bei dem das gesamte Calciumhydroxid reagiert. Dieser ist von der Zusammensetzung des Hüttensandes und des Zementes
sowie vom Hydratationsgrad des Hüttensandes abhängig.

In Modell 3 reagiert nur ein Teil des vom Zementklinker produzierten Calciumhydroxids mit dem Hüttensand zu CSH-Phasen. Es wird ein maximaler Calciumhydroxidgehalt angenommen, der in die Reaktion des Hüttensandes eingeht.

Durch anschließende Versuche konnte gezeigt werden, dass das dritte Modell die
Realität bezüglich der Quantität und Zusammensetzung der Reaktionsprodukte,
vor allem die C/S- und A/S-Rate, am besten wiederspiegelt. Mehrere Versuche
zeigten ein sinkendes C/S-Verhältnis der CSH-Phasen, obwohl noch Calciumhydroxid in der Lösung nachzuweisen war.

Der Anteil an Calciumhydroxid, der vom Hüttensand konsumiert wird, hängt laut Chen und Brouwers proportional von dem C/S-Verhältnis des Hüttensandes ab. Liegt im Ausgangszustand im Hüttensand ein C/S-Wert von 1.8 vor, so wird kein weiteres Calciumhydroxid der Zementhydratation benötigt[207]. Die Ergebnisse der Messungen von Chen und Brouwers werden in Abb. 12 gezeigt.

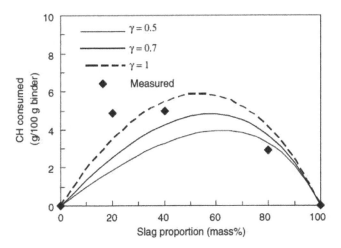

Abb. 12: Konsum Calciumhydroxid - Chen und Brouwers[208].

Die beiden in dieser Arbeit verwendeten Hüttensande weisen C/S-Verhältnisse von 1.18 (HS 1) und 1.14 (HS 2) auf. Nach dem Modell von Chen und Brouwers müsste der Hüttensand das vom Portlandzement gebildete Calciumhydroxid für seine Reaktion „konsumieren". Dieser Konsum kann mit den Ergebnissen der vorliegenden Arbeit bestätigt werden und wird unter 8.2.1. genauer analysiert. In diesem Kapitel wird ein sehr ähnlicher Verlauf des Calciumhydroxidkonsums von Seiten des Hüttensandes für die Proben von HS 1 mit einem w/b-Wert von 0.45 gezeigt.

Bezüglich der Eigenschaften der Reaktionsprodukte konnte festgestellt werden, dass hüttensandhaltige Zemente eher zum chemischen Schwinden neigen als reiner Portlandzement.

6.4.2 Stephant und Chomat et al. - 2015

Stephant und Chomat et al. nutzten das beschriebene Modell von Chen und Brouwers. Sie untersuchten drei verschiedene Zemente mit unterschiedlichen Anteilen

---

[207] *Chen / Brouwers*, 2006: 447 – 451, 463.
[208] *Chen / Brouwers*, 2006: 459.

an Hüttensand. Mithilfe von Kernspinresonanzspektroskopien konnten die Hydratationsgrade der einzelnen Bestandteile bestimmt und zu einem gesamten Reaktionsgrad zusammengefasst werden.

Des Weiteren verwendeten Stephant und Chomat et al. thermogravimetrische Analysen, um den Gehalt an Calciumhydroxid und chemisch gebundenem Wasser in den Proben zu bestimmen. Das chemisch gebundene Wasser zeigt, unabhängig vom Hüttensandgehalt, einen annähernd linearen Zusammenhang zu dem Hydratationsgrad. Der Verlauf kann in Zusammenhang mit der Bildung von CSH-Phasen gebracht werden. Gleichzeitig nimmt der Hydratgehalt mit zunehmendem Hüttensandgehalt ab, was sich durch die Verringerung des Portlandzementgehaltes erklären lässt. Auch der Gehalt an Calciumhydroxid steigt mit zunehmendem Hydratationsgrad. Gegenteilig zur Theorie von Chen und Brouwers konnten Stephant und Chomat et al. keinen Konsum des Calciumhydroxides von Seiten des Hüttensandes nach einem Jahr feststellen. Der experimentell bestimmte Calciumhydroxidgehalt war demnach höher, als der vom Modell vorhergesagte.

Diese Ergebnisse stehen im Widerspruch zu denen der vorliegenden Arbeit, die dem Hüttensand einen Calciumhydroxidkonsum zusprechen. Weiterhin wiesen Stephant und Chomat et al. im zeitlichen Verlauf einen konstanten Gehalt an Calciumhydroxid nach.

Diese Beobachtung kann durch eigene Messungen des Calciumhydroxidgehaltes unterstützt werden. Die Auswertung der Versuchsreihe dieser Arbeit ergab eine erhebliche Erhöhung des Gehaltes vom ersten zum siebten Tag. Ab diesem Zeitpunkt blieb er jedoch bis zum 28. Tag nahezu konstant.

Nach einem Jahr wurden die Proben zudem mittels XRD-Messungen untersucht. In den hüttensandhaltigen Zementen konnten CSH-Phasen, Calciumhydroxid, Ettringit, Monocarboaluminat (C_4ACH_{11}), Hydrotalcit und AFm-Phasen nachgewiesen werden[209].

6.4.3   Wang und Lee et al. - 2010

Auch Wang und Lee et al. erarbeiteten Gemeinsamkeiten und Unterschiede der Hydratation von Portlandzement und Hüttensand, um ein numerisches Modell des Reaktionsprozesses hüttensandhaltiger Zemente zu generieren. In ihren Untersuchungen sehen sie den Anteil des chemisch gebundenen Wassers und den des Calciumhydroxides als Indikator für die Interaktion der Hüttensand- und Zementreaktion in Verbindung mit Wasser an. Ihr Modell geht von einer Bildung des Calciumhydroxides von Seiten des Portlandzementes und einem Konsum dieses Stoffes bei der Hüttensandreaktion aus. Durch die Analyse dieses Gehaltes soll die Reaktion des Hüttensandes separiert werden.

---

[209] *Stephant / Chomat et al.*, 2015: 1 + 3, 7 - 9.

Diese Idee wird bei der Auswertung der Ergebnisse des Versuchsprogrammes der vorliegenden Arbeit erneut aufgegriffen.

Das Modell von Wang und Lee et al. sieht eine zufällige Verteilung der Zement-partikel in dem betrachteten Raum vor. Wird dem Zement Wasser zugeführt, so beginnt die Hydratation eines jeden Zementkornes von außen nach innen. Die Hydratationsprodukte haften an den Zementkörnern. Mithilfe einer Formel von Tomosawa kann der Hydratationsgrad jeder Klinkerphase auf der Ebene eines Zementpartikels bestimmt werden. In der Gleichung enthalten sind einige Koeffi-zienten, beispielsweise zur Erfassung der Temperatur, die mithilfe von Experi-menten bestimmt wurden. Darüber kann der gesamte Hydratationsgrad durch die Einbeziehung der Massenanteile der unterschiedlichen Phasen und der Anzahl der Zementpartikel bestimmt werden. Des Weiteren wurde die Annahme in das Modell integriert, dass der Anteil des Kapillarwassers, das für die Hydratation zur Verfügung steht, abnimmt. Es wurde angenommen, dass pro Gramm reagiertem Portlandzement 0.42 g Wasser chemisch gebunden werden. Das Kapillarwasser wird demnach mit folgender Gleichung bestimmt:

$$w_{cap} = w_0 - 0.42 \cdot Ce_0 \cdot \alpha \qquad (6.16)$$

Wobei w_0 den gesamten Wasseranteil und Ce_0 den Zementgehalt angibt. Der Wert α bezeichnet den Hydratationsgrad des Portlandzementes.

Die Reaktionsgleichungen des Portlandzementes in Wasser wurden wie folgt an-genommen:

$$2 \cdot C_3S + 6 \cdot H \rightarrow C_3S_2H_3 + 3 \cdot CH \qquad (6.17)$$

$$2 \cdot C_2S + 4 \cdot H \rightarrow C_3S_2H_3 + CH \qquad (6.18)$$

$$C_3A + CSH_2 + 10H \rightarrow C_4ASH_{12} \qquad (6.19)$$

$$C_4AF + 2 \cdot CH + 10 \cdot H \rightarrow C_6AFH_{12} \qquad (6.20)$$

Die Reaktionsprodukte stimmen mit den unter 6.1. genannten überein. Mithilfe der Reaktionsgleichungen, dem Zementgehalt, der chemischen Zusammenset-zung und dem Reaktionsgrad der einzelnen Klinkerphasen kann der Anteil an ge-bildetem Calciumhydroxid und den CSH-Phasen bestimmt werden. Bei der Hyd-ratation von reinem Portlandzement konnte ein nahezu linearer Zusammenhang des Reaktionsgrades zum Gehalt an Calciumhydroxid und an den gebildeten CSH-Phasen festgestellt werden. XRD-Messungen ergaben einen geringeren Anteil an Calciumhydroxid bei hüttensandhaltigen Zementen.

Diese Beobachtungen können durch diese Arbeit bestätigt werden. Wie unter 8.2.1. näher erläutert, wurde eine annähernd lineare Abnahme des Calciumhyd-roxidgehaltes bei steigendem Hüttensandgehalt festgestellt.

Maekawa et al. gaben als Richtwert einen Konsum an Calciumhydroxid von 0.22 g pro reagiertem Gramm Hüttensand an. Laut ihren Untersuchungen nimmt der Gehalt an chemisch gebundenem Wasser um 0.30 g und das Gelwasser um 0.15 g zu, wenn ein Gramm Hüttensand reagiert. Wang und Lee et al. erweiterten ihr Modell zur Bestimmung des Calciumhydroxidanteils und den Gehalt an chemisch gebundenem Wasser bei der Reaktion hüttensandhaltiger Zemente um diese Werte. Bei der Überlegung wurde zudem der Hydratationsgrad des Hüttensandes als Verhältnis der Hydratationswärme zu einem Zeitpunkt zu der maximalen Hydratationswärmeentwicklung des Hüttensandes einbezogen.

In dem Artikel von Wang und Lee basiert die Parameterbestimmung der Gleichungen auf der Hydratationswärmeentwicklung, die sich bei der Reaktion hüttensandhaltiger Zemente aus beiden Ausgangsstoffen zusammensetzt.

Durch die experimentelle Bestimmung der Reaktionswärmeentwicklung von Portlandzement wurden die Parameter für das Modell bestimmt. Bei der Untersuchung hüttensandhaltiger Zemente wurden die Ergebnisse des reinen Portlandzementes mit einbezogen, um die Parameter der Reaktion des Hüttensandes zu ermitteln.

Im Vergleich zu den experimentell ermittelten Ergebnissen der Hydratationswärme konnten bei hohen Gehalten an Hüttensand – ab 80 M.-% - größere Abweichungen von dem Modell festgestellt werden. Dies lässt sich dadurch erklären, dass die Interaktion von Hüttensand und Zement von mehreren Faktoren abhängig ist, die in dem Modell nicht berücksichtigt wurden, wie beispielsweise dem pH-Wert.

Im Gegensatz zur Betrachtung der Hydratationswärme, ermittelten Wang und Lee et al. in ihrer Studie die Parameter der oben genannten Gleichungen mithilfe von Untersuchungen der Reaktionsgrade. Experimentell wurde dafür der Reaktionsgrad des Hüttensandes mithilfe einer Lösung aus Ethylendiamintetraessigsäure bestimmt. Die Untersuchungen wurden mit unterschiedlichen Nachbehandlungstemperaturen, w/b-Werten und Austauschraten an Hüttensand durchgeführt. Es konnte eine Erhöhung der Reaktivität bei einer Erhöhung des w/b-Wertes (0.35 auf 0.50) und / oder der Temperatur (30 °C zu 50 °C) festgestellt werden. Beim Senken des Hüttensandgehaltes von 50 M.-% auf 30 M.-% wurde aufgrund der verhältnismäßigen Erhöhung des alkalischen Anregers auch eine Steigerung der Reaktivität nachgewiesen. Mithilfe der Ergebnisse der unterschiedlichen Hydratationsgrade konnten die Parameter für das Model bestimmt werden.

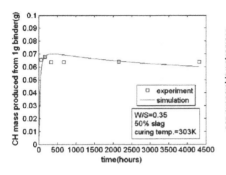
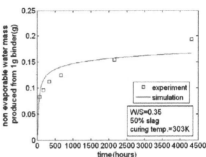

Abb. 13: Calciumhydroxidgehalt im Zeitverlauf (a)[210].

Abb. 14: Chemisch gebundenes Wasser im Zeitverlauf[211].

Mit dem Wissen über die Bildung und den Konsum von Calciumhydroxid gelang es Wang und Lee et al. die Reaktionen beider Ausgangsstoffe zu separieren. Mithilfe der Versuche kann die Reaktivität des Hüttensandes in Abhängigkeit von dem Alter, dem w/b-Wert, der Austauschrate und der Nachbehandlungsdauer modelliert werden. Darauf aufbauend können Vorhersagen über die Eigenschaften der Materialien im Beton getroffen werden[212].

6.4.4 Kolani und Buffo-Lacarrière et al. - 2012

Auch Kolani und Buffo-Lacarrière et al. beschäftigten sich mit der Reaktion von hüttensandhaltigen Zementen. Sie entwickelten ein Modell zur Bestimmung der Hydratationsprodukte aus den Zusammensetzungen der Ausgangsstoffe. Bei Messungen mit dem Kalorimeter wurde festgestellt, dass die Hydratationswärme bei steigendem Hüttensandgehalt im Zement abnimmt[213]. Im Vergleich zu der Reaktion der gleichen Menge von reinem Portlandzement war die Wärmeentwicklung jedoch höher, was eine exotherme Reaktion des Hüttensandes beweist.

Die Messung des chemisch gebundenen Wassers wies, ähnlich wie in der vorliegenden Arbeit, niedrigere Werte für Zemente mit Hüttensand auf. Diese Beobachtung lässt sich mit der geringeren Reaktivität von Hüttensand im Vergleich zu Portlandzement erklären.

Mittels thermogravimetrischer Analyse wurde zudem der Gehalt an Calciumhydroxid in den Proben gemessen. Kolani und Buffo-Lacarrière et al. stellten einen Anstieg des Gehaltes in den ersten 48 Stunden, gefolgt von einer fortdauernden Abnahme, fest. Der zunächst steigende und nach zwei Tagen fallende Verlauf

---

[210] *Wang / Lee* et al.: 2010: 475.
[211] *Wang / Lee* et al.: 2010: 475.
[212] *Wang / Lee*: 2010: 984 - 994; *Wang / Lee* et al.: 2010: 468 - 476.
[213] *Kolani / Buffo-Lacarrière* et al., 2012: 1011.

steht im Widerspruch zu den Ergebnissen dieser Arbeit. Die eigenen Messergebnisse zeigten bis zum siebten Tag eine eindeutige Zunahme des Calciumhydroxidgehaltes und anschließend – bis zum 365. Tag – ein annähernd konstantes Verhalten.

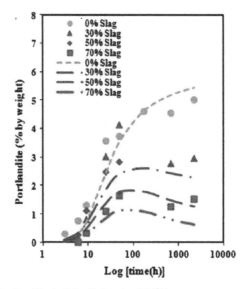

Abb. 15:   Calciumhydroxidgehalt im Zeitverlauf (b)[214].

Die Punkte geben Messdaten wieder; die Linien zeigen die dazugehörigen Modellverläufe.

Kolani und Buffo-Lacarrière erklären das Ergebnis damit, dass der Hüttensand langsamer reagiert als Portlandzement. Somit produziert der Zement zunächst Calciumhydroxid. Dieser Prozess verlangsamt sich im Laufe der Zeit, da sich die Hydratationsprodukte an den Zementkörnern ansammeln und die Kontaktflächen zum Wasser abnehmen. Nach 48 Stunden setzt dann die Hydratation des Hüttensandes ein, bei der das produzierte Calciumhydroxid verbraucht wird.

Kolani und Buffo-Lacarrière et al. gingen in ihrer Modelbildung davon aus, dass der Calciumkonsum vom Hüttensand zur Bildung der CSAH-Phasen zum einen über den Calciumoxidgehalt des Hüttensandes und zum anderen über das Calciumhydroxid des Portlandzementes gedeckt wird. Davon ausgehend berechneten sie das C/S-Verhältnis der entstandenen CSAH-Phasen über die beiden C/S-Verhältnisse von purem Hüttensand und reinem Portlandzement, gewichtet mit den

---

[214] *Kolani / Buffo-Lacarrière* et al., 2012: 1013.

Faktoren der jeweiligen Calciumquelle. Dabei wurde der Wert des C/S-Verhältnisses von Portlandzement auf 1.75 und das von Hüttensand auf 1.16 festgelegt - ausgehend von den Bestandteilen. Dabei zeigt der Wert von 1.16 genau den Mittelwert der C/S-Verhältnisse der in dieser Arbeit verwendeten Hüttensande an. Da dieses Verhältnis im Hydratationsprozess als variabel im Zeitverlauf angenommen wurde, gingen Kolani und Buffo-Lacarrière et al. davon aus, dass auch der Wasseranspruch der CSH- und CSAH-Phasen veränderlich ist. Diese Idee weicht von anderen Modellbildungen ab, die einen konstanten Wert des chemisch gebundenen Wassers pro Gramm reagiertem Hüttensand angeben. Zur Modellierung der Reaktion von hüttensandhaltigen Zementen verwendeten Kolani und Buffo-Lacarrière et al. das folgende kinetische Hydratationsgesetz:

$$\alpha_i = A_i \cdot g_i \cdot \pi_i \cdot h_i \cdot S_i \tag{6.21}$$

Dabei ist A_i eine Konstante, die über die Mahlart der Ausgangsstoffe bestimmt wird. Der Term g_i bezieht die chemische Aktivierung ein, π_i den Kontakt zu Wasser und h_i die thermische Aktivierung. Der Ausdruck S_i beschreibt die Interaktion zwischen Portlandzement und dem Zusatzstoff. In ihrer Studie erarbeiteten Kolani und Buffo-Lacarrière et al. für diese Terme Ausdrücke.

Besonders interessant ist, dass auch sie den Calciumhydroxidgehalt als Indikator für die Interaktion beider Ausgangsstoffe annahmen. Der Ausdruck S_i setzt sich aus dem Calciumhydroxidgehalt, der vom Portlandzement während der Hydratation entsteht, und dem Calciumoxidanteil im Hüttensand zusammen.

Mithilfe des Modells können Aussagen über die Wärmeentwicklung, den Anteil an chemisch gebundenem Wasser und den Calciumhydroxidgehalt im Laufe der Hydratation getroffen werden[215].

6.4.5   Meinhard und Lackner - 2008

Eine weitere Möglichkeit, die Reaktivität von Hüttensand zu untersuchen, zeigen Meinhard und Lackner auf. Sie untersuchten mittels Messungen mit einem Kalorimeter die Hydratationswärmeentwicklung von hüttensandhaltigen Zementen.

Dafür verwendeten sie vier verschiedene Austauschraten von Hüttensand aus Österreich zwischen 20 M.-% und 80 M.-% und Lagerungstemperaturen von 30 °C und 50 °C. Ähnlich wie bei den zuvor genannten Modellen betrachteten Meinhard und Lackner zunächst den Reaktionsverlauf von reinem Portlandzement, erstellten ein Modell zur Bestimmung des Wärmeflusses und bezogen im Anschluss Erkenntnisse über die Reaktion von Hüttensand ein.

Sie nutzten zudem die Ergebnisse von Chen und Brouwers bezüglich der Bildung von Reaktionsprodukten aus der Hüttensandreaktion. Mithilfe des Kalorimeters

[215] *Kolani / Buffo-Lacarrière* et al., 2012: 1011, 1013 - 1015, 1017.

wurde im Anschluss die Wärmeentwicklung der Zement-Hüttensand-Komposite bestimmt.

In Abb. 16 werden die Ergebnisse der Kalorimetermessungen exemplarisch für eine Lagerungstemperatur von 50 °C dargestellt.

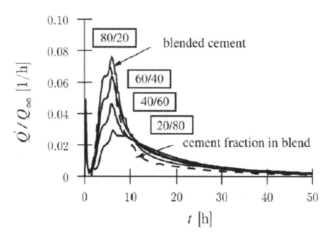

Abb. 16:   Wärmeflussrate von verschiedenen Zement/Hüttensand Mischungen[216].

Steigt der Gehalt an Hüttensand im Gemisch, so wird weniger Wärme während des Hydratationsprozesses freigesetzt. Die Wärmeflussrate nimmt im Zeitverlauf bei hüttensandhaltigen Zementen langsamer ab.

Meinhard und Lackner erklären sich dies mit der Abnahme des Hüttensandglases, welches für die Hüttensandreaktion zur Verfügung steht. Anders als die diffusionsbedingte Beschränkung der Reaktion bei Portlandzement, weist Hüttensand eine Reaktionsabnahme infolge des exponentiellen Zerfalls des Hüttensandglases auf.

Die gestrichelte Linie zeigt den Verlauf für den Zementanteil in der Mischung. Meinhard und Lackner gehen davon aus, dass der wahre Verlauf der Wärmeflussrate, reduziert um den Anteil, der auf den Portlandzement zurückzuführen ist, auf die Hüttensandreaktion entfällt. Der daraus resultierende Verlauf der Hüttensandreaktion ist in Abb. 17 dargestellt.

---

[216] *Meinhard / Lackner*, 2008: 799.

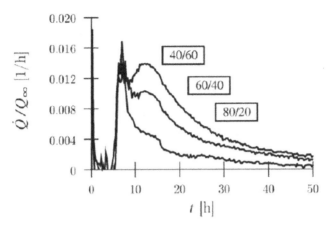

Abb. 17: Wärmeflussrate der Hüttensandreaktion bei verschiedenen Zement/Hütten-
sand Mischungen[217].

Ersichtlich ist, dass der erste Peak bei allen Austauschraten annähernd gleich
ausgebildet ist, wohingegen sich der zweite Peak bei unterschiedlichen Ze-
ment/Hüttensand-Verhältnissen unterscheidet. Je mehr Hüttensand in der Mischung enthalten ist, desto ausgeprägter ist der Peak. Im weiteren Verlauf sinkt
die Wärmeflussrate langsam ab.

Aus diesen Ergebnissen leiten Meinhard und Lackner Erkenntnisse über die Hydratation von Hüttensand ab und teilen die Reaktion in drei Phasen ein. In der In-
duktionsphase wird von Seiten des Hüttensandes keine Wärme abgegeben. Die
darauffolgende Periode wird als Aluminiumreaktion identifiziert und ist unabhängig vom Hüttensandgehalt. Sie entspricht dem ersten Peak. Anschließend wird
der zweite Peak als Bildung von CSAH-Phasen interpretiert. Er ist von einer
schnellen Erhöhung und einem langsameren Abfall gekennzeichnet.

Abb. 18 zeigt die Realisierung der Hüttensandreaktion mithilfe ihres Models.

Meinhard und Lackner ergänzten das Modell über die Wärmeentwicklung von
Portlandzement um die drei genannten Phasen der Hüttensandreaktion, zur Ge-
nerierung eines Gesamtmodells für hüttensandhaltige Zemente. Die Parameter
des Modells wurden aus Messungen des Kalorimeters abgeleitet[218].

---

[217] *Meinhard / Lackner*, 2008: 799.
[218] *Meinhard / Lackner*, 2008: 798 – 801.

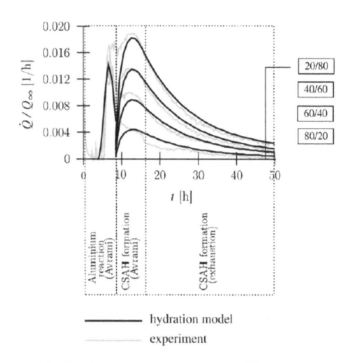

Abb. 18:   Modell Wärmeflussrate der Hüttensandreaktion[219].

6.4.6   De Schutter - 1999

Ein ähnlicher Ansatz wurde von De Schutter genutzt, um die Hydratationswärme-rate von hüttensandhaltigen Zementen als Funktion des Reaktionsgrades und der Temperatur zu bestimmen.

Es wurden zwei verschiedene Zemente betrachtet, ein CEM III/B (Hüttensandan-teil 65 bis 80 M.-%) und ein CEM III/C (Hüttensandanteil 80 bis 95 M.-%), mit einem w/b-Verhältnis von 0.5. Untersucht wurden drei verschiedene Temperatu-ren (5 °C, 20 °C und 35 °C). Da der Reaktionsgrad nicht leicht zu messen ist, wurde dieser als Grad der Wärmefreisetzung approximiert. Möglich ist dies durch den nahezu linearen Zusammenhang beider Parameter. Dafür wurde die gesamte Wärmeabgabe am Ende der Reaktion als maximale Wärmefreisetzung angenom-men.

---

[219] *Meinhard / Lackner*, 2008: 800.

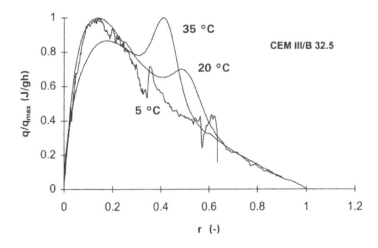

Abb. 19: Standardisierte Kurve - Hydratationswärme[220].

In De Schutters Ansatz wurde der erste Peak der Hydratationswärmeentwicklung nicht einbezogen. Für die Modellbildung ersetzte De Schutter die Zeitachse der Messung durch den Reaktionsgrad und standardisiert die Ergebnisse, indem er sie jeweils durch den Maximalwert dividierte. Es wurde ersichtlich, dass die Kurven des reinen Portlandzementes, im Gegensatz zu denen der hüttensandhaltigen Zemente, von der Temperatur annähernd unabhängig sind.

Weiterhin nahm De Schutter an, dass sich die Reaktion von Hüttensand-Zement-Gemischen aus den Reaktionen beider Bestandteile zusammensetzt, welche superponiert werden können. Er unterteilte den Hydratationsprozess in eine temperaturunabhängige Portlandzementreaktion und eine temperatursensible Hüttensandreaktion. Die separierten Funktionen wurden mathematisch beschrieben, sodass jeweils für beide getrennt ein Reaktionsgrad berechnet werden kann. De Schutter betont jedoch, dass die Parameter seines Modelles keine Allgemeingültigkeit aufweisen, da sie stark von der Zusammensetzung, den Eigenschaften und der Austauschrate beider Bestandteile abhängig sind[221].

Eine Interaktion der Reaktionen von Portlandzement und Hüttensand, beispielsweise über den Gehalt an Calciumhydroxid, wird in diesem Modell nicht berücksichtigt.

---

[220] *De Schutter*, 1999: 146.
[221] *De Schutter*, 1999: 143 - 147.

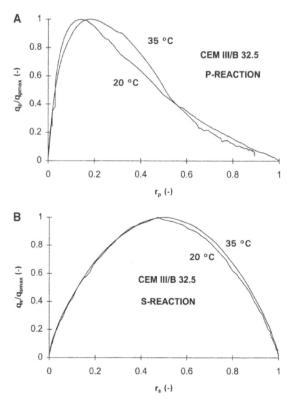

Abb. 20: Standardisierte Kurven - Trennung Portlandzement- und Hüttensandreaktion[222].

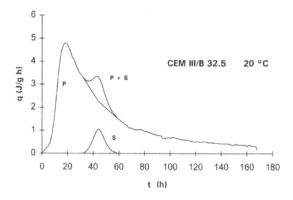

Abb. 21: Superposition der Portlandzement- und Hüttensandreaktion[223].

6.4.7   Castellano und Bonavetti et al. - 2016

Eine weitere, sehr interessante Modellierung des Reaktionsprozesses von hüttensandhaltigen Zementen bieten Castellano und Bonavetti et al.. Sie beschreiben die Festigkeitsentwicklung (Y) und den Reaktionsgrad, welcher über das chemisch gebundene Wasser (Y) ausgedrückt wird, zu einem bestimmten Zeitpunkt mit einem linearen Regressionsmodell. Dieses beinhaltet das w/b-Verhältnis (X_1) und die Temperatur (X_2) als erklärende Variablen. Es liegt in folgender Form vor:

$$Y = \beta_0 + \beta_1 \cdot X_1 + \beta_2 \cdot X_2 + \beta_3 \cdot X_1^2 + \beta_4 \cdot X_2^2 + \beta_5 \cdot X_1 \cdot X_2 \qquad (6.22)$$

Sie konnten beobachten, dass die Festigkeit unabhängig von der Austauschrate bei steigendem w/b-Wert sinkt. Bei allen Zementen konnte eine höhere Frühfestigkeit bei steigenden Temperaturen (von 20° C zu 60 °C) nachgewiesen werden. Ein Temperaturanstieg zeigte zudem eine Reduktion von Calciumhydroxid und einen höheren Anteil an Hydrotalcit. Als Grund dafür lässt sich die temperatursensible Hüttensandreaktion vermuten.

Die Festigkeiten aller hüttensandhaltigen Zemente waren niedriger als die des reinen Portlandzementes.

Geringe Austauschraten von Hüttensand - bis zu 20 M.-% - führten zu einer Erhöhung des chemisch gebundenen Wassers zu frühen Zeitpunkten. Dies lässt sich durch den Füllereffekt des Hüttensandes erklären.

Diese Beobachtung kann mit den Messergebnissen dieser Arbeit nicht bestätigt werden.

Steigende w/b-Werte führten bei der Versuchsreihe von Castellano und Bonavetti et al. zu einer Erhöhung des chemisch gebundenen Wassers und gleichzeitig zu einer geringeren Festigkeit[224].

Die Entwicklung des chemisch gebundenen Wassers bei unterschiedlichen w/b-Werten wird in Kapitel 8.2.2. erneut aufgegriffen und mit eigenen Messergebnissen dargestellt.

6.4.8   Mukherjee et al. - 2003

Eine weitere Einschätzung der Reaktivität von Hüttensanden bietet der sogenannte Hydraulizitätsindex, der dem unter 5.2. beschriebenen Aktivitätsindex, ähnelt. Er wird aus der Druckfestigkeit eines Gemisches aus 70 M.-% Hüttensand und 30 M.-% Portlandzement im Verhältnis zu den Druckfestigkeiten eines reinen Portlandzementes und eines Gemisches aus Portlandzement und Quarz gebildet. Die Formel hierfür lautet:

---

[222] *De Schutter*, 1999: 146.
[223] De Schutter, 1999: 146.
[224] *Castellano / Bonavetti* et al., 2016: 680 - 686.

$$HI_{70/30} = \frac{a - c}{b - c} \cdot 100 \tag{6.23}$$

Wobei a die Druckfestigkeit eines Gemisches aus 70 M.-% Hüttensand und 30 M.-% Portlandzement zu einer bestimmten Zeit t beschreibt. Der Parameter b bezeichnet die Festigkeit von reinem Portlandzement zur gleichen Zeit und c ist der Wert der Druckfestigkeit eines Gemisches aus 70 M.-% Quarz und 30 M.-% Portlandzement.

Der Hydraulizitätsindex kann zur Beschreibung der Hüttensandqualität genutzt werden. Mukherjee et al. erforschten in ihrer Studie den Zusammenhang dieses Indexes und Eigenschaften von Hüttensanden mithilfe einer Regressionsanalyse. Es wurden signifikante Zusammenhänge bezüglich der Feinheit, des Glasgehaltes und den Oxidgehalten von Siliciumdioxid, Aluminium-, Magnesium- und Calciumoxid festgestellt. Wie zu erwarten weist lediglich der Siliciumdioxidgehalt eine negative Abhängigkeit, sowohl für den Hydraulizitätsindex nach sieben sowie nach 28 Tagen, auf[225]. Auf Grundlage dieser Erkenntnisse können mithilfe der genannten Hüttensandeigenschaften Aussagen über die Festigkeitsentwicklung im Zementleim getroffen werden.

6.5   Einflüsse auf die Reaktivität

6.5.1   Chemische Zusammensetzung

Die Reaktivität von Hüttensand hängt stark von dessen Zusammensetzung ab. Teilweise wird dieser Einfluss als bestimmender Faktor der hydraulischen Aktivität gesehen[226]. In der DIN EN 197-1 sind Anforderungen des Hüttensandes an die Basizität gegeben. Dies folgt der Annahme, dass basischere Hüttensande in der Regel hydraulisch reaktiver sind[227]. In mehreren Untersuchungen konnte gezeigt werden, dass höhere Gehalte an Calcium-, Aluminium- und Magnesiumoxid im Hüttensand dessen Reaktivität beschleunigen und Siliciumdioxid diese reduziert[228]. Das Verhältnis von Calciumoxid - auch addiert mit Magnesiumoxid - zu Siliciumdioxid wird dementsprechend auch als Hydraulizitätskennziffer bezeichnet[229]. Dieses Verhältnis sollte für eine ausreichende Reaktivität des Hüttensandes über 1.0 liegen[230]. In der Praxis existieren zahlreiche sogenannte F-Werte, die die unterschiedlichen chemischen Bestandteile einbeziehen, um Aussagen über die Reaktivität zu treffen (Kap. 3.4, S. 19). Diese können jedoch nicht als

---

[225] *Mukherjee* et al., 2003: 1483 - 1485.
[226] *Ehrenberg*, 2006 (Teil 2): 67.
[227] *Özbay / Erdemir / Durmus*, 2015: 424; *Mukherjee* et al., 2003: 1482.
[228] *Meng / Schneider*, 2000: 855; *Bruckmann*, 2004: 33; *Özbay / Erdemir / Durmus*, 2015: 425.
[229] *Schneider*, 2009: 4.
[230] *Pietersen*, 1993: 64.

allgemeingültiges Bewertungskriterium dienen, da die Reaktionen von Hüttensand zum einen durch Interaktionen der Komponenten gekennzeichnet sind und zum anderen weitere Faktoren, die nachfolgend beschrieben werden, nicht vernachlässigbar sind[231]. Dennoch ermöglicht die chemische Zusammensetzung des Hüttensandes eine erste Einschätzung der Reaktivität, sodass die Einflüsse der wichtigsten Bestandteile im Folgenden aufgezeigt werden.

Schon lange ist bekannt, dass durch erhöhte Calciumoxidgehalte die hydraulische Aktivität und die Zementdruckfestigkeiten erhöht werden[232].

Der Einfluss von Aluminiumoxid hängt nicht nur von dessen Gehalt, sondern auch von der übrigen Zusammensetzung des Hüttensandes ab. So wurde beispielsweise ein festigkeitssteigernder Einfluss des Aluminiumoxides festgestellt, wenn gleichzeitig der Siliciumdioxidgehalt nicht sehr hoch war. Weitere Untersuchungen zeigten, dass Aluminiumoxid vor allem durch die Bildung von Ettringit zu der Frühfestigkeit von Zementen beiträgt, im weiteren Verlauf jedoch eine untergeordnete Rolle spielt[233]. Demnach hängt die festigkeitssteigernde Wirkung nicht alleine von der Gesamtmenge an Aluminiumoxid ab, sondern von dem Anteil, der für die Bildung von Ettringit zur Verfügung steht. Bei gleichzeitig erhöhten Magnesiumoxidgehalten reagiert Aluminiumoxid zunächst mit diesem Bestandteil[234]. Andere Quellen weisen diesem Oxid allgemein eine positive Wirkung auf die Reaktivität zu[235]. Buchwald und Stephan et al. fanden zudem heraus, dass die Wirkung des Aluminiumoxides stark von der Art der Aktivierung des Hüttensandes abhängt[236].

Siliciumdioxid konnte im Allgemeinen ein negativer Einfluss auf die Reaktivität von Hüttensand nachgewiesen werden[237].

Die Wirkung von Magnesiumoxid auf die Reaktivität von Hüttensand lässt sich nicht eindeutig zuordnen. Als Ersatz für Calciumoxid senkt Magnesiumoxid die Reaktivität. Untersuchungen zeigten jedoch, dass ein Anstieg des Magnesiumoxidgehaltes bis zu 12 M.-% die Festigkeit des Zementes erhöhen kann[238]. Bei höheren Gehalten wurden festigkeitsmindernde Eigenschaften festgestellt. Dies könnte auf Wechselwirkungen von Magnesium- mit Aluminiumoxid zurückzuführen sein[239].

---

[231] *Schneider*, 2009: 4.
[232] *Schneider*, 2009: 9; *Tigges*, 2010: 22; *Mukherjee* et al., 2003: 1482.
[233] *Tigges*, 2010: 22 + 23.
[234] *Schneider*, 2009: 5.
[235] *Bruckmann*, 2004: 33; *Schneider*, 2006:16; *Özbay / Erdemir / Durmus*, 2015: 425; *Schneider*, 2009: 5.
[236] *Buchwald / Stephan* et al., 2015: 629.
[237] *Özbay / Erdemir / Durmus*, 2015: 425; *Tigges*, 2010: 20; *Mukherjee* et al., 2003: 1482.
[238] *Tigges*, 2010: 23.
[239] *Schneider*, 2009: 5; *Schneider*, 2006: 16; DAfStb, 2007: 14.

Teilweise wird Ilmenit ($FeTiO_3$) bei der Roheisenherstellung zugegeben, um die Lebensdauer des Hochofens zu verlängern. Dies hat zur Folge, dass der daraus entstehende Hüttensand geringe Mengen an Titanoxid enthält. Der Gehalt kann sich am gleichen Hochofenstandort ändern, da Ilmenit meist erst gegen Ende der Laufzeit zugegeben wird. In zahlreichen Untersuchungen konnte festgestellt werden, dass ein Titanoxidgehalt von über einem Masseprozent im Hüttensand zu einer deutlichen Minderung der Festigkeit und Hydraulizität führen kann. Dabei wurde jedoch kein veränderter Reaktionsmechanismus festgestellt. Demnach werden physikalische Veränderungen des Hüttensandglases infolge höherer Titanoxidgehalte vermutet, die veränderte Bedingungen für den chemischen Angriff bieten. Zudem wurde eine höhere Packungsdichte des Hüttensandes infolge hoher Titanoxidgehalte festgestellt. Eine erhöhte Dichte des Hüttensandglases hat eine Abnahme der Festigkeit des hüttensandhaltigen Zementleims zur Folge. Gehalte von über 1.5 M.-% werden im Allgemeinen als kritisch angesehen. Das Ausmaß der Festigkeitsminderung ist zudem von der chemischen Zusammensetzung der Bestandteile sowie von der Basizität und dem Aluminiumoxidgehalt des Hüttensandes abhängig. Je höher der Alkaligehalt im Zementklinker ist, desto weniger empfindlich reagieren diese auf erhöhte Titanoxidgehalte[240].

Da in hüttensandhaltigen Zementen das vom Zementklinker produzierte Calciumhydroxid als Anreger für die Hüttensandreaktion dient, trägt auch die Qualität des Zementklinkers wesentlich zur Reaktivität des Hüttensandes bei[241]. Zahlreiche Untersuchungen ergaben, dass sich ein erhöhter Alitgehalt im Zement (Tricalciumsilicat) positiv auf die Reaktionsgeschwindigkeit des Hüttensandes auswirkt. Jedoch sollte dabei beachtet werden, dass dies auch vom Gehalt an gleichzeitig vorhandenem Tricalciumaluminat abhängig ist. Die Abhängigkeit der Hüttensandreaktion vom Zementklinker steigt mit steigender Feinheit der Komponenten.

Zur Erstarrungsregelung werden den Zementen Calciumsulfate, meist in Form eines Gemisches aus Gips und Anhydrit, zugegeben. Ohne diese Zugabe würde der Zement durch die direkten Reaktionen des Tricalciumaluminates und des Tetracalciumaluminatferrits mit Wasser erstarren. Die Art und Menge des Sulfatträgers wird vom Zementwerk für jeden Zement über die Menge und die Reaktivität des Tricalciumaluminates bestimmt und ist abhängig von der Mahlfeinheit des Klinkers. Eine falsche Anpassung führt zu einer schlechten Verarbeitbarkeit des Zementes und zu einer ungenügenden Festigkeitsentwicklung. Bei hüttensandhaltigen Zementen ist der Gehalt an Sulfat zudem von dem Hüttensandgehalt, der Mahlfeinheit, dem Aluminiumoxidgehalt und von der chemischen Zusammensetzung der Bestandteile abhängig.

---

[240] *Tigges*, 2010: 2, 18 - 20; DAfStb, 2007: 14 + 27; *Schneider*, 2009: 4; *Schneider*, 2006: 16.
[241] *Tigges*, 2010: 16.

In Untersuchungen konnte gezeigt werden, dass vor allem die Zugabe von Anhydrit positive Auswirkungen auf die Reaktivität von Hüttensand aufweist[242].

6.5.2 Glasanteil und kristalline Phasen

Europäische Hüttensande bestehen zu über 95 M.-% aus Glas[243]. Im Allgemeinen konnte eine höhere Reaktivität des Hüttensandes bei höheren Glasanteilen festgestellt werden. Dies lässt sich durch die höhere innere Energie des Hüttensandglases im Vergleich zu den kristallinen Phasen erklären[244]. Das Glas wird als die reaktive Komponente des Hüttensandes angesehen[245].

Nicht nur der Glasanteil, sondern auch dessen Struktur spielt eine bedeutende Rolle für die Reaktivität von Hüttensanden[246]. Damit ein hoher Glasanteil im Hüttensand erreicht wird, ist eine schnelle Abkühlung der Schmelze erforderlich. Dabei steigt die Viskosität der Schmelze so schnell an, dass die Entstehung von Kristallen verringert wird. Die Art und Weise der Temperaturabsenkung beeinflusst demnach die atomare Struktur des Hüttensandglases.

Im Gegensatz zu Kristallen, welche aus einem sehr regelmäßigen dreidimensionalen Netzwerk bestehen, zeigen Gläser eine sehr unregelmäßige Struktur. Hüttensandglas weist eine Vielzahl heterogener Zonen, sogenannte „Entmischungen", auf. Diese feinverteilten Kristalle und andere Defekte schwächen die Glasstruktur und erhöhen die Reaktivität des Hüttensandes[247]. Pietersen beschreibt eine gesteigerte Hydraulizität des Hüttensandes bei erhöhten Aluminium- und Magnesiumanteilen. Diese sorgen für Störungen in der Glasstruktur und fördern somit die Lösung des Hüttensandglases. Die strukturellen Defekte des Glases sind zudem von den Granulationsbedingungen, wie beispielsweise von der Art der Abkühlung der Schlacke, abhängig[248]. Die Hüttensandgläser befinden sich in einem metastabilen, thermodynamischen Gleichgewicht und besitzen eine hohe innere Energie. Diese benötigt eine Anregung, um abgebaut zu werden. Wird das Glas auf Temperaturen über 840 °C erhitzt, so geht es in den energetisch stabileren Zustand des Kristalles über und die Glasstruktur wird verändert[249].

Die Produkte dieser sogenannten „Entglasung" können als Indikator für die Reaktivität von Hüttensand in Betracht gezogen werden, da sie gut mit der Festigkeitsentwicklung von Hüttensanden korrelieren. Dabei können unterschiedliche Entglasungsvorgänge Aufschluss über die Mineralogie von Hüttensand geben.

---

[242] DAfStb, 2007: 11 + 12.
[243] *Schneider*, 2006: 16.
[244] *Escalante-Garcia / Mancha* et al., 2001: 1407.
[245] *Pietersen*, 1993: 2.
[246] *Schneider*, 2006: 16; *Schneider*, 2009: 10.
[247] *Meng / Schneider*, 2000: 855; *Ehrenberg*, 2006 (Teil 1): 44; *Bruckmann*, 2004: 30.
[248] *Pietersen*, 1993: 65.
[249] *Ehrenberg*, 2006 (Teil 1): 44; *Schneider*, 2009: 5 + 7; *Pietersen*, 1993: 18.

Als stabiles Hauptprodukt bei der Entglasung bildet sich, bei in Deutschland verwendeten Hüttensanden, vor allem Melilith. Zudem konnte die Bildung von Merwinit als Zwischenprodukt beobachtet werden, welches teilweise erhalten bleibt und zum Teil wieder abgebaut wird[250].

Der Glasanteil im Hüttensand und dessen Struktur sind von den Granulationsbedingungen der Hochofenschlacke abhängig.

Vor allem die Granulationstemperatur und die Kühlrate bei der Herstellung verändern den Glaszustand des Hüttensandes. Dabei hängt die Temperatur der Schlacke bei der Granulation von ihrer Fließgeschwindigkeit ab. Diese wird wiederum von der chemischen Zusammensetzung beeinflusst. Aufgrund der Verkettung vieler Einflussfaktoren ist demnach eine einzelne Betrachtung und Analyse der Auswirkungen der Granulationstemperatur nicht möglich.

Es lässt sich jedoch festhalten, dass niedrigere Temperaturen zu einem höheren Anteil an kristallinen Phasen und infolgedessen auch zu einer geringeren Festigkeit führen. Niedrigere Schmelztemperaturen haben somit einen negativen Einfluss auf die latent hydraulischen Eigenschaften des Hüttensandes.

Auch die Kühlrate beeinflusst die Bildung kristalliner Phasen und wird teilweise als Hauptfaktor der Hüttensandeigenschaften bezeichnet. Je geringer sie ist, desto höher ist der Anteil an Kristallphasen und desto geringer die Festigkeitsentwicklung. Manche Forscher haben lineare Zusammenhänge zwischen beiden Faktoren erkannt. Im Allgemeinen sollte der Glasgehalt des Hüttensandes über 90 M.-% betragen, um zufriedenstellende Festigkeitswerte zu erhalten. Weiterhin wird mit einer langsamen Kühlrate eine dichtere Glasstruktur erreicht[251].

Die Glaseigenschaften von Hüttensanden scheinen auch von dem Hochofenprozess der Roheisenherstellung abzuhängen, was in der Literatur jedoch meist vernachlässigt wird[252].

Schon im Ausgangszustand weisen Hüttensande geringe Mengen an kristallinen Bestandteilen auf[253]. Die Entstehung von Kristallanteilen im Hüttensand kann bei gleichzeitig hoher Basizität nicht verhindert werden, da ein hoher Calciumgehalt der Bildung von Glas entgegenwirkt. Dabei beeinflussen die chemische Zusammensetzung des Hüttensandes und die Granulationsbedingungen, ob primär Merwinit oder Melilith gebildet wird[254]. Eine eindeutige Ableitung der Kristallphasenbildung aus der chemischen Zusammensetzung des Hüttensandes kann je-

---

[250] *Schneider*, 2006: 19; *Schneider*, 2009: 69.
[251] *Schneider*, 2009: 12 + 13; *Tigges*, 2010: 40; *Ehrenberg*, 2006 (Teil 1): 44 + 45; *Mukherjee* et al., 2003: 1482.
[252] *Schneider*, 2009: 54, 67 - 69; *Schneider*, 2006: 19; *Meng / Schneider*, 2000: 855-858.
[253] *Schneider*, 2006: 18.
[254] *Tigges*, 2010: 7; *Schneider*, 2009: 7.

doch nicht getroffen werden. Solche Einschätzungen erfordern umfangreiche mineralogische Untersuchungen, wie sie beispielsweise in der der Studie von Meng und Schneider durchgeführt wurden[255].

Für die Reaktivität des Hüttensandes spielt nicht nur der Anteil der Kristallphasen, sondern auch deren Art eine bedeutende Rolle. Da der Anteil an kristallinen Phasen nahezu inert ist, nimmt mit dessen Zunahme die Reaktivität des Hüttensandes ab. Glasige Schlacken weisen einen höheren Energiegehalt auf und sind reaktiver. Doch geringe Mengen an Kristallanteilen schaden der Festigkeitsentwicklung von Hüttensand nicht. Untersuchungen ergaben die höchste Festigkeit von Hochofenzementen bei einem Kristallanteil von 5 M.-%. Die Bildung von Merwinit als primäre Kristallphase zeichnet sich durch eine gleichzeitige Schwächung des Hüttensandglases, aufgrund von Entmischungen, und die Anreicherung von Aluminium in dem Glas aus[256]. Dadurch werden die hydraulischen Eigenschaften des Hüttensandes, gemessen an der Festigkeitsbildung, gesteigert[257]. Eine Korrelation der relativen Mörteldruckfestigkeit in Abhängigkeit von der Bildung von Merwinit wurde beobachtet[258].

Die Reaktion des Hüttensandes kann als Glaskorrosion betrachtet werden. Darunter wird das Herauslösen von Ionen aus dem Glas in Verbindung mit einem anderen Medium - im Allgemeinen mit Wasser - verstanden. Diese Auflösung ist der erste Schritt der Glaskorrosion. Darauf folgend bilden sich Oberflächenschichten, wie beispielsweise Hydratphasen. Fein verteilte Kristalle sowie Entmischungen schwächen die Glasstruktur und tragen zu einer erhöhten Reaktivität bei[259]. Die genauen Mechanismen sind noch nicht eindeutig geklärt[260]. Untersuchungen zeigten, dass die Löslichkeit von Glas stark vom pH-Wert abhängt[261]. Die Hüttensandreaktion ist stets abhängig von der Interaktion aller Bestandteile, welche auch den Zementklinker einschließt[262]. So trägt beispielsweise der Anteil an Calciumoxid eher zur Kristallbildung bei, erhöht jedoch gleichzeitig die latent hydraulischen Eigenschaften des Hüttensandes. Eine einfache Korrelation zwischen dem Glasgehalt eines Hüttensandes und seiner Reaktivität lässt sich folglich nicht ableiten[263].

---

[255] *Meng / Schneider*, 2000: 858.
[256] *Schneider*, 2009: 7 + 9; *Meng / Schneider*, 2000: 858; *Tigges*, 2010: 24; *Ehrenberg*, 2006 (Teil 2): 71 + 72.
[257] *Schneider*, 2006: 19; *Mukherjee* et al., 2003: 1482.
[258] *Meng / Schneider*, 2000: 858.
[259] *Meng / Schneider*, 2000: 855; *Tigges*, 2010: 13 - 16.
[260] *Ehrenberg*, 2006 (Teil 1): 45.
[261] *Pietersen*, 1993: 32.
[262] *Meng / Schneider*, 2000: 855.
[263] *Ehrenberg*, 2006 (Teil 2): 71 + 72.

6.5.3   Granulometrie

Die Reaktivität von Hüttensand ist weiterhin von dessen Feinheit und der Granulometrie abhängig. Unter der Granulometrie wird die Kornform und Kornverteilung verstanden. Eine feinere Mahlung führt zu einer dichteren Packung der Bestandteile und aufgrund einer größeren Oberfläche zu einer Beschleunigung der Hydratation. Dadurch steigt zudem die Festigkeit des hüttensandhaltigen Zementes. Der Effekt spielt für die Frühfestigkeit eine weniger bedeutende Rolle, ist jedoch nach 28 Tagen sehr deutlich zu erkennen. Nach 91 Tagen nimmt der Einfluss wieder ab, da die Reaktion zu diesem Zeitpunkt aufgrund von Verdichtungen im Gefüge verlangsamt ist[264].

Weitere Untersuchungen zeigten, dass eine feinere Mahlung, über den Optimalwert von 4000 cm²/g hinaus, zu Verringerungen in der Festigkeit führen kann[265]. Es konnte außerdem festgestellt werden, dass eine feinere Mahlung des Hüttensandes im Vergleich zum verwendeten Zement positive Auswirkungen auf die Festigkeitsentwicklung hat[266]. Auch die Art der Mahlung übt einen Einfluss auf die Reaktivität des Hüttensandes aus[267].

Manche Forscher sprechen der Feinheit der Ausgangsstoffe den größten Einfluss auf die Reaktivität zu[268].

Des Weiteren wurde der Einfluss der Korngröße auf der Ebene einzelner Hüttensandkörner untersucht. Einige Forschungen ergaben, dass unterschiedliche Partikelgrößen des Hüttensandes keinen Einfluss auf die Dicke der hydratisierten Schicht der Körner haben. Diese Untersuchungen basierten jedoch auf Korngrößen von über 3 µm. Da in Zementen jedoch vor allem feinere Korngrößen verwendet werden, untersuchten Tan und De Schutter et al. die Reaktionsgeschwindigkeiten der einzelnen Korngrößen sowie den allgemeinen Hydratationsgrad mittels Kalorimeter-Messungen. Wie zu erwarten, zeigten feinere Hüttensande einen höheren allgemeinen Reaktionsgrad, bezogen auf die Hydratationswärmeentwicklung.

Interessant ist der Ansatz eines k-Wertes (nicht zu verwechseln mit dem unter 3.4. beschriebenen k-Wert), der die Geschwindigkeit der Bildung der Hydratschicht eines einzelnen Hüttensandkornes angibt. Er wird definiert als das Verhältnis der Dicke der Hydratschicht eines Kornes zu einem bestimmten Zeitpunkt ($\delta(t)$) zu der Hydratationszeit (t):

---

[264] *Reschke / Siebel / Thielen*, 1999: 25 - 27, 36 + 37; *Tan / De Schutter* et al., 2014: 488; *Mukherjee* et al., 2003: 1481.

[265] *Ehrenberg*, 2006 (Teil 1): 60.

[266] *Mukherjee* et al., 2003: 1482.

[267] *Tigges*, 2010: 25.

[268] DAfStb, 2007: 38.

$$k = \frac{\delta(t)}{t} \tag{6.24}$$

Die Untersuchungen ergaben höhere k-Werte, also folglich höhere Hydratations-geschwindigkeiten, für gröbere Körner. Im Zeitverlauf zeigte der Wert zunächst in den ersten 20 Stunden einen abnehmenden und danach einen annähernd kon-stanten Verlauf. Tan und De Schutter et al. erklären diese Beobachtungen zudem mit leicht erhöhten Calciumoxidgehalten und verringerten Gehalten anderer Oxide bei steigender Partikelgröße[269].

Das Ergebnis, dass gröbere Zementkörner schneller hydratisieren, steht im Wi-derspruch zu den Erkenntnissen von Wang und Lee, welche kleineren Zementpar-tikeln ein schnelleres Reaktionsvermögen zuschrieben[270].

6.5.4   Weitere Einflüsse

Der Reaktionsgrad des Hüttensandes steigt außerdem mit der Erhöhung der La-gerungstemperatur. Weiterhin nimmt die Reaktivität des Hüttensandes bei höhe-ren w/b-Werten zu, da mehr Platz für die Bildung von Hydratphasen zur Verfü-gung steht.

Steigt der Hydratationsgrad des Portlandzementes im Gemisch, so erhöht sich auch die Reaktivität des Hüttensandes. Der Grund dafür ist, dass Hüttensand durch die Reaktionsprodukte des Portlandzementes angeregt wird.

Des Weiteren konnte festgestellt werden, dass bei einer Erhöhung der Hüt-tensandaustauschrate von 30 M.-% auf 50 M.-% der Anteil an reagiertem Hüt-tensand bei gleichbleibenden w/b-Werten abnimmt. Diese Beobachtung lässt sich durch die Verringerung der alkalischen Umgebung zur Aktivierung des Hüt-tensandes erklären[271].

Die Reaktivität des Hüttensandes ist stark abhängig von dem verwendeten Anre-ger. Es wird vermutet, dass eine stärkere Aktivität mit einem höheren pH-Wert des Alkalis zusammenhängt. So führt eine Erhöhung des Aktivators zu einer er-höhten Reaktivität[272]. Dieser Einfluss wird hier nicht weiter vertieft, da von einer Aktivierung des Hüttensandes durch das Calciumhydroxid des Portlandzementes ausgegangen wird.

Weiterhin sollte der Einfluss von Kohlenstoffdioxid sowie von Wasser durch eine Lagerung im Freien, wie unter 4.6. bereits beschrieben, berücksichtigt werden. Die oberflächliche Carbonatisierung des Hüttensandes lässt sich beim Mahlvor-gang leicht abreiben. Dadurch wird schnell ein hoher Blaine-Wert erreicht, der

---

[269] *Tan / De Schutter* et al., 2014: 488 - 492.
[270] *Wang / Lee*: 2010: 987.
[271] *Escalante-Garcia / Mancha* et al., 2001: 1405 + 1408.
[272] *Escalante-Garcia / Fuentes et al.*, 2003: 2148 + 2149.

eine erhöhte Hydraulizität vermuten lässt. In Wirklichkeit besitzt dieser Hüttensand jedoch eine schlechtere Reaktivität[273]. Diese Erkenntnis sollte bei der Verwendung von Hüttensand beachtet werden.

Eine Übersicht über die Einflussfaktoren auf die Reaktivität von Hüttensand wird in Abb. 22 gegeben.

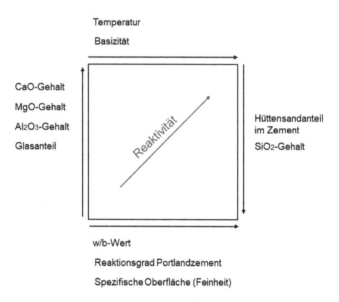

Abb. 22:   Einflussfaktoren auf die Reaktivität von Hüttensand.

---

[273] DAfStb, 2007: 14.

7 Versuchsprogramm

Zur Analyse der Reaktivität von Hüttensand in Verbindung mit Portlandzement in Leimmischungen wurde ein Versuchsprogramm ausgearbeitet. Verschiedene Einflüsse, wie das w/b-Verhältnis, die Austauschrate von Hüttensand zu Zement und die Hydratationsdauer, wurden mittels thermogravimetrischer Analyse betrachtet und bezüglich der chemischen Bestandteile interpretiert.

7.1 Materialien

Zur Herstellung der Proben wurde Trinkwasser verwendet. Der eingesetzte Zement der Firma Holcim ist ein Portlandzement CEM I 52.5 R-SR3/NA. Da die Reaktivität von Hüttensand von vielen Einflussfaktoren abhängig ist, die die Eigenschaften des einzelnen Hüttensandes betreffen, wurden in der vorliegenden Arbeit zwei verschiedene Hüttensande aus unterschiedlichen Werken verwendet. Der Hüttensand, der nachfolgend als „HS 1" bezeichnet wird, stammt von der Firma Dyckerhoff und kommt aus dem Werk in Amöneburg. Der als „HS 2" bezeichnete, zweite Hüttensand wurde freundlicherweise von der Firma Heidelberg-Cement zur Verfügung gestellt. Er stammt aus der Dillinger Hütte. Die chemischen Bestandteile beider Hüttensande sind in Tab. 8 aufgelistet.

Aus den Analysen ergibt sich für HS 1 mit 1.18 ein geringfügig höheres C/S-Verhältnis als für HS 2 mit 1.14. Des Weiteren sind die Anteile von Aluminium- und Magnesiumoxid in HS 1 etwas geringer als in HS 2. Demgegenüber weist HS 1 höhere Werte an Mangan- und Eisenoxid auf. Die Abweichungen der Zusammensetzungen beider Hüttensande sind jedoch sehr gering.

Tab. 8:   Chemische Analyse HS 1 und 2.

Bestandteile [M.-%]	HS 1	HS 2
CaO	42.44	41.22
SiO_2	35.85	36.18
Al_2O_3	11.38	12.13
MgO	6.00	7.23
S^{2-}	1.25	1.06
TiO_2	0.78	0.74
K_2O	0.37	0.55
Na_2O	0.22	0.39
Fe_2O_3	0.41	
Fe		0.22
MnO	0.255	
Mn		0.21
Cl^-	0.014	0.04
SO_3	0.17	
Mn_2O_3	0.283	

Die Blaine-Werte der verwendeten Materialien wurden von den Herstellern angegeben und sind in Tab. 9 aufgelistet.

Tab. 9:   Blaine-Werte der Materialien.

	CEM I 52.5 R	HS 1	HS 2
Blaine-Wert [cm²/g]	4400	4000	4600

Die Werte geben einen Überblick über die Feinheiten der Ausgangsstoffe.

HS 1 weist eine gröbere Mahlung auf als HS 2 und der verwendete Portlandzement liegt bezüglich der Feinheit zwischen beiden Hüttensanden.

7.2 Probenherstellung

7.2.1   Mischen

In folgender Versuchsreihe werden neun verschiedene Austauschraten (3 M.-%, 5 M.-%, 10 M.-%, 20 M.-%, 30 M.-%, 40 M.-%, 60 M.-%, 80 M.-%, 95 M.-%) von Hüttensand (HS 1) in Zement mit zwei verschiedenen w/b-Verhältnissen (0.35 und

0.45) untersucht. Des Weiteren dienten fünf Austauschraten (10 M.-%, 20 M.-%, 40 M.-%, 60 M.-%, 80 M.-%) mit einem w/b-Wert von 0.45 mit dem zweiten Hüttensand (HS 2) zum Vergleich.

Die Leimmischungen, welche jeweils Wasser, Hüttensand und Zement enthalten, wurden mit einem Suspensionsmischer der Firma MAT Mischanlagentechnik GmbH jeweils eine Minute bei 60 Hz gemischt, um ein homogenes Material zu erhalten. Abb. 23 bis Abb. 25 zeigen den verwendeten Mischer.

Abb. 23:   Suspensionsmischer.

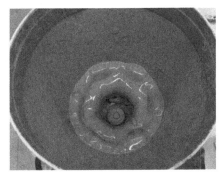 

Abb. 24:   Mischen (a).   **Abb. 25:**   Mischen (b).

Zur leichteren Verarbeitung musste bei dem w/b-Wert von 0.35 Fließmittel eingesetzt werden. Das Ausbreitmaß für Mörtel nach der DIN EN 1015-3 - jedoch ohne
dem 15-maligem Heben des Ausbreittisches – wurde bestimmt und sollte zwischen
15 und 20 cm betragen. Mischungen, die von diesen Zielwerten abwichen, wurden verworfen und neu erstellt.

Abb. 26:   Ausbreitmaß.

Der Leim wurde direkt nach dem Mischen in luftdicht verschlossene Plastikscha-
len abgefüllt und bei 20 °C gelagert. Der dichte Abschluss der Gefäße diente vor
allem der Reduktion von Carbonatisierungs- und Austrocknungsvorgängen[274].

Abb. 27:   Abfüllen.   **Abb. 28:**   Probenlagerung.

7.2.2   Nachbehandeln

Da das Reaktionsverhalten des Hüttensandes im zeitlichen Verlauf der Hydratation analysiert werden soll, werden sechs unterschiedliche Zeitpunkte - nach
1 Tag, 7, 14, 28, 56 und 365 Tagen - betrachtet. Dafür wurden die Proben nach

---

[274] *Scrivener / Snellings / Lothenbach*, 2016: 19.

Ablauf dieser Zeiten nachbehandelt. Die Inhalte der kleineren Gefäße wurden per Hand gemörsert.

Dieses Verfahren ist vorteilhaft, da die Wärmeentwicklung und die Reibung beim Zerkleinern mit einer Mühle den Hydratphasen Wasser entziehen können und somit eventuell ungewünschte Reaktionen hervorgerufen werden[275].

Die gemörserten Proben wurden jeweils zweimalig mit 5 ml einer über 99.5 %-igen Aceton-Lösung benetzt. Ziel dieser Behandlung war das Entfernen des freien Wassers aus den Poren mit dem gleichzeitigen Erhalt des chemisch gebundenen Wassers in den CSH-Phasen.

Im Allgemeinen kommen dafür zwei verschiedene Verfahren in Frage. Für einige Untersuchungen werden die Proben, beispielsweise im Ofen, getrocknet. Das freie Wasser wird entfernt, jedoch entzieht dieses Verfahren auch Teile des chemisch gebundenen Wassers, sodass sich zudem die Struktur der Probe verändern kann. Nicht nur die Art der Trocknung, sondern auch das Zeitintervall spielt dabei eine Rolle. Ein weiteres Verfahren ist das Stoppen der Hydratation mittels eines Austauschs des Wassers durch ein Lösemittel. Diese Methode wurde in der vorliegenden Arbeit angewendet, da sie sanfter als das Trocknen ist und die Struktur der Probe wesentlich weniger schädigt. Als Lösemittel kommt beispielsweise Methanol, Ethanol, Aceton oder Isopropanol in Frage. Als nachteilig hat sich jedoch erwiesen, dass manche Lösemittel mit Teilen der Probe reagieren können, was zu Abweichungen in den Versuchsergebnissen führen kann[276]. Die Verwendung von Aceton zum Stoppen der Hydratation ist relativ weit verbreitet und wird in mehreren Studien angewandt. Meist wird die Probe danach bei gut 100 °C im Ofen getrocknet[277].

Abb. 29 - Abb. 33 zeigen den Nachbehandlungsprozess der Proben dieser Arbeit.

---

[275] *Scrivener / Snellings / Lothenbach*, 2016: 7 + 8.
[276] *Scrivener / Snellings / Lothenbach*, 2016: 21 - 26.
[277] *Escalante-Garcia / Mancha* et al., 2001: 1405; *Castellano / Bonavetti* et al., 2016: 681.

Abb. 29: Nachbehandlung (a).

Abb. 30: Nachbehandlung (b).

Abb. 31: Nachbehandlung (c).

Abb. 32: Nachbehandlung (d).

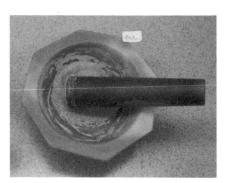

Abb. 33: Nachbehandlung (e).

Aus dem Inhalt der größeren Gefäße wurden Stücke gebrochen und entnommen. Diese lagerten jeweils zwei Wochen in der Aceton-Lösung. Die Proben werden für die Messung der Dichte in noch folgenden Untersuchungen verwendet.

7.2.3   Beobachtungen

Beim Nachbehandeln der Leimmischungen wurden bei Hüttensandgehalten ab 60 M.-% ab dem siebten Tag blaugrüne Verfärbungen der Proben festgestellt. Laut Hinweisen von Zementherstellern ist dies ein Phänomen hüttensandhaltiger Zemente, welches beim Ausschalen von Bauteilen beobachtet werden kann. Die Verfärbung lässt sich auf Reaktionen der Sulfide während des Hydratationsprozesses zurückführen[278]. Bei der Granulation des Hüttensandes und auch bei der Hydratation reagieren Sulfide mit Wasser zu Calciumhydrosulfid und Polysulfiden, wie beispielsweise zu Calciumpolysulfid. Unter Luftabschluss, wie es auch in den Plastikprobenbehältern dieser Versuchsreihe der Fall war, reagieren diese Polysulfide mit gelösten Metallionen zu Metallsulfiden[279]. Mangan(II)-Sulfid (MnS) sowie Eisen(II)-Disulfid (FeS_2) können schon in geringen Mengen eine blaugrüne Färbung hervorrufen.

Wie auf Abb. 34 bis Abb. 36 zu erkennen, wies lediglich der untere Teil, nämlich der Bereich, der keinen Kontakt zum Sauerstoff aus der Luft hatte, eine blaugrüne Färbung auf. Im Zeitverlauf wurde die Färbung intensiver. Bei Hüttensandgehalten von 60 M.-% und 80 M.-% war die farbliche Abgrenzung vor allem bei einem w/b-Wert von 0.35 nicht so klar wie bei den Proben mit Hüttensandgehalten von 95 M.-%. Die Proben mit einem reinen Hüttensand-Wasser-Gemisch wiesen wesentlich hellere Färbungen auf. Nach 28 Tagen waren die Proben mit einem w/b-Wert von 0.35 wesentlich dunkler gefärbt als die Leimmischungen mit einem w/b-Wert von 0.45.

Diese Beobachtungen sind in Abb. 37 und Abb. 38 zu erkennen.

---

[278] DAfStb, 2007: 38.
[279] *Thienel*, 2010: 32.

Abb. 34:   7 Tage: 60, 80, 100 M.-%
(HS 2, w/b = 0.45).

Abb. 35:   14 Tage: 60, 80, 100 M.-%
(HS 2, w/b = 0.45).

Abb. 36:   28 Tage: 60, 80, 100 M.-% (HS 2, w/b = 0.45).

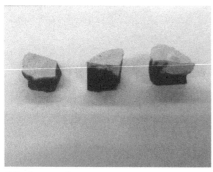

Abb. 37:   w/b = 0.45: 60, 80, 95 M.-%
(28 Tage, HS 1).

Abb. 38:   w/b = 0.35: 60, 80, 95 M.-%
(28 Tage, HS 1).

Nach einiger Zeit der Lagerung der herausgebrochenen Leimstücke an der Luft verblassten die Verfärbungen. Sie wurden nach und nach heller. Die Metallsulfide oxidieren im Zeitverlauf zu farblosen Metallverbindungen[280]. Abb. 39 bis Abb. **43** dokumentieren dieses Verhalten beispielhaft an den oben gezeigten Proben. Die Leimstücke auf den Fotos wurden mindestens einen Monat an der Luft gelagert.

Abb. 39:   7 Tage: 60, 80, 100 M.-%
              (HS 2, w/b = 0.45).

Abb. 40:   14 Tage: 60, 80, 100 M.-%
               (HS 2, w/b = 0.45).

Abb. 41:   28 Tage: 60, 80, 100 M.-% (HS 2, w/b = 0.45).

---

[280] *Thienel*, 2010: 33.

Abb. 42: w/b = 0.45: 60, 80, 95 M.-%   **Abb. 43:** w/b = 0.35: 60, 80, 95 M.-%
(28 Tage, HS 1).   (28 Tage, HS 1).

Des Weiteren wiesen die Proben mit hohen Hüttensandgehalten einen Geruch nach faulen Eiern auf, der der Bildung von Schwefelwasserstoff (H_2S) zugeordnet werden kann. Vermutlich reagieren die im Hüttensand enthaltenen Sulfide (S^{2-}) mit Wasser zu Schwefelwasserstoff:

$$S^{2-} + H_2O \rightarrow H_2S + O^{2-} \tag{7.1}$$

Auch Verbindungen von Metallen mit Schwefel, wie beispielsweise Calciumsulfid (Ca**S**), können nach Schwefelwasserstoff riechen. Je mehr Hüttensand in den Leimmischungen enthalten ist, desto auffälliger war die Geruchsentwicklung.

Bezüglich der Festigkeit fiel beim Nachbehandeln auf, dass die Probe mit 100 M.-% von HS 2 nach einem Tag fester erschien als die Leimmischung mit 95 M.-% HS 1. Diese Beobachtung könnte aus der feineren Mahlung und demnach einer erhöhten Reaktionsgeschwindigkeit von HS 2 resultieren.

8 Thermogravimetrische Analyse (TGA)

Die thermogravimetrische Analyse ist eine spezielle Methode der thermischen Analysen. Allgemeine Begriffe werden in der DIN 51005 definiert. Bei der thermischen Analyse werden physikalische und chemische Eigenschaften unter einer aufgezwungenen Temperaturänderung untersucht. Die thermogravimetrische Analyse - kurz TGA - ist in der DIN 51006 normativ beschrieben. Die Gewichtsänderung der Probe wird dabei bei veränderterer Temperatur aufgezeichnet. Die Ergebnisse geben Auskunft über Reaktionen mit flüchtigen Komponenten[281]. Dabei muss ein offenes System vorliegen, da sonst aufgrund des Energieerhaltungssatzes keine Veränderung des Gewichtes sichtbar wäre. Reaktionen, die mit einer Massenänderung einhergehen, sind beispielsweise Dehydratationen, Oxidationen, Zersetzungen oder Phasenwechsel. In zementähnlichen Systemen sind Massenänderungen unter 600 °C im Allgemeinen auf Wasserabspaltungen zurückzuführen, während bei höheren Temperaturen meist Kohlenstoffdioxid als Reaktionsprodukt entweicht[282].

Das TGA-Gerät besteht aus einer „Thermowaage". Darunter wird ein System bestehend aus einer Waage, einem Ofen und Einrichtungen zur Herstellung einer bestimmten Atmosphäre im Probenraum sowie zur Aufzeichnung der Messwerte verstanden. Wichtig für die thermogravimetrische Analyse ist ein homogener Temperaturbereich an der Probe, da andernfalls Ergebnisse verfälscht werden. Um dies sicherzustellen hat sich ein zylindrischer Ofen durchgesetzt, in dessen thermischer Mitte die Probe platziert wird. Die Waage, welche das Herzstück des TGA-Gerätes bildet, wird mit elektromagnetischer Kompensation betrieben. Dieses System dient dabei auch zur Dämpfung der Waage. Das Gerät erfasst die Massenänderung in elektrischen Signalen. Auch die Veränderungen der Temperatur werden als Änderungen der elektrischen Spannung erfasst und aufgezeichnet[283]. Das in dieser Arbeit verwendete Gerät wird in Abb. 44 bis Abb. 47 gezeigt.

---

[281] *Hemminger / Cammenga*, 1989: 1 + 59.
[282] *Scrivener / Snellings / Lothenbach*, 2016: 178 + 179.
[283] *Hemminger / Cammenga*, 1989: 57 - 67.

Abb. 44: TGA-Gerät – geöffnet.

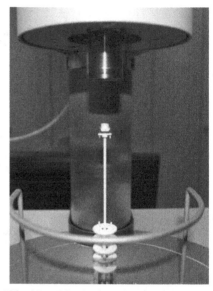

Abb. 45: TGA-Gerät – Thermowaage.

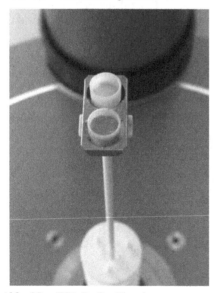

Abb. 46: TGA-Gerät – Tiegel.

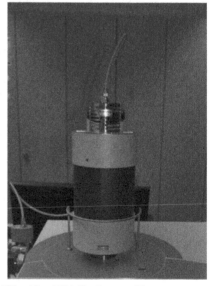

Abb. 47: TGA-Gerät – geschlossen.

Die Ergebnisse der TGA hängen von sehr vielen Faktoren ab. Nicht nur das Messgerät und das Messverfahren, sondern auch die Präparationsbedingungen und die Partikelgröße der Proben, das Messgefäß, die Heizrate und die Art und Strömungsgeschwindigkeit des Gases im Probenraum beeinflussen die Messergebnisse. Somit ist ein Vergleich von unterschiedlichen Versuchsprogrammen sehr schwierig.

Höhere Heizraten führen aufgrund des Druckes des Wasserdampfes an der Probe zu höheren gemessenen Temperaturen[284]. Zudem können bei zu hohen Heizraten Überschneidungen der Peaks auftreten, sodass eine genaue Zuordnung der Reaktionen erschwert wird.

Ein Gas, welches die Probe umspült, wird benötigt, um eine Rückreaktion der flüchtigen Komponente zu verhindern. Die Art des Gases sollte mit der zu untersuchenden Probe abgestimmt sein, sodass das Gas möglichst nicht als Reaktionspartner fungiert. Im Allgemeinen wird ein inertes Gas verwendet. Die Art des Gases sowie der Druck und die Strömungsgeschwindigkeit beeinflussen die Wärmeübertragung und die Konzentration der flüchtigen Komponente an der Probe. Dadurch verändert sich die Reaktionsgeschwindigkeit.

Auch die Tiegelgröße und das Tiegelmaterial beeinflussen die Ergebnisse der TGA. Als Tiegelmaterialien kommen vor allem Edelmetalle, Oxidkeramik, Quarz, Graphit und Aluminium in Frage. Das Material sollte mit der zu analysierenden Probe abgestimmt werden, damit eine Reaktion beider Komponenten verhindert wird. Weiterhin spielt die Probenmenge eine bedeutende Rolle. Da die Probe nicht komplett homogen erwärmt werden kann, weisen die resultierenden Diagramme „verschmierte" Bereiche auf[285]. Größere Probenmassen führen zu höheren aufgezeichneten Temperaturen und breiteren Peaks. Dies ist darauf zurückzuführen, dass bei mehr Probenmasse auch mehr Reaktionsprodukte gebildet werden, also die Masse der flüchtigen Komponenten höher ist. Diese übt einen größeren Dampfdruck auf die Probe aus, sodass höhere Temperaturen benötigt werden, um eine komplette Reaktion zu erreichen[286].

Die Temperatur kann entweder mit einer konstanten Heizrate oder einer stufenweisen Erhöhung festgelegt werden. Bei der vorgegebenen Erhöhung der Temperatur handelt es sich um die Ofentemperatur. Diese kann von der tatsächlichen Temperatur der Probe ger

---

[284] *Scrivener / Snellings / Lothenbach*, 2016: 180 + 181; *Hemminger / Cammenga*, 1989: 4.
[285] *Hemminger / Cammenga*, 1989: 47 + 51 + 58 + 73.
[286] *Scrivener / Snellings / Lothenbach*, 2016: 183 + 184.

ingfügig abweichen. Die Deutung der Ergebnisse erfolgt aus Kenntnissen der Thermodynamik, der Reaktionskinetik und mithilfe von Referenzsubstanzen, deren Eigenschaften bekannt sind[287].

8.1 Versuchsdurchführung

Für die thermogravimetrische Analyse der Proben wurde das Gerät „STA 449 F5 Jupiter" der Firma NETZSCH verwendet. Der Tiegel besteht aus Aluminiumoxid und wurde je Messvorgang mit 40 – 50 mg des Probenpulvers befüllt. Als inertes Gas im Probenraum wurde Stickstoff verwendet. Die Proben wurden zunächst auf 40 °C erhitzt und für 30 Minuten auf dieser Temperatur konstant gehalten. Dieses Vorgehen soll das Austreiben des Acetons aus den Proben ermöglichen. Im Anschluss wurde jede Probe mit einer konstanten Heizrate von 20 °C pro Minute auf 1000 °C erhitzt.

Als Referenzen dienten die Analysen von reinen Portlandzement-Wasser-Gemischen mit den w/b-Werten von 0.35 und 0.45 zu den sechs genannten Zeitpunkten. Ergänzend wurde der Versuch mit reinem Calciumhydroxid, mit 99 %-igem Calciumcarbonat sowie mit dem verwendeten Portlandzement und beiden Hüttensanden durchgeführt.

Ergebnisse der Versuche waren jeweils die TG-Kurve (Thermogravimetrie) und die DSC-Kurve (Differential Scanning Calorimetry) sowie deren Ableitungen.

8.2 Auswertung und Ergebnisse

Wie in Kapitel 6.4. erläutert, sind die Gehalte an Calciumhydroxid und dem chemisch gebundenen Wasser in der Probe wichtige Indikatoren zur Analyse der Reaktivität des Hüttensandes als Zusatzstoff im Beton. Bei Portlandzement weisen sie einen annähernd linearen Zusammenhang zu dem Reaktionsgrad auf[288]. Folglich liegt der Fokus der nachfolgenden Auswertung auf diesen beiden Reaktionsprodukten.

Des Weiteren kann die Analyse der in den Proben enthaltenen CSH-Phasen beispielsweise Aufschluss über die Festigkeitsentwicklung der verschiedenen Zement-Hüttensand-Mischungen geben.

Abschließend werden zudem carbonatisierte Bereiche der Proben untersucht.

---

[287] *Hemminger / Cammenga*, 1989: 3 + 45 + 57 + 62.
[288] *Wang / Lee* et al.: 2010: 473.

Für die Auswertung der Ergebnisse wurden die Analysesoftwares „NETZSCH-Proteus-61" und „OriginPro 2016" verwendet. Der Fokus der Auswertung liegt, dank der besseren Übersichtlichkeit, auf der TG-Kurve und deren Ableitung.

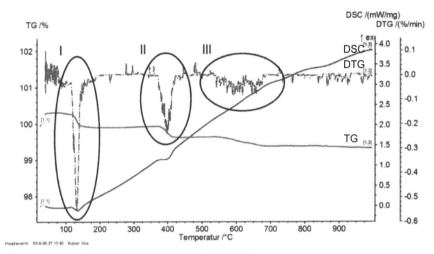

Abb. 48:   TGA - CEM I 52.5 R-SR3/NA TG, DTG, DSC.

Die TG- und DTG-Verläufe (Differential Thermogravimetrie) der Ausgangsstoffe sind den nachfolgenden Diagrammen zu entnehmen. Die TG-Kurve und deren Ableitung werden im Folgenden in rot dargestellt, die DSC-Kurve in blau.

Die thermogravimetrische Analyse von reinem Portlandzement weist drei Peaks auf. Die Peaks I und II können auf kleine, schon hydratisierte Bereiche im Zement zurückgeführt werden. Peak I bei gut 100 °C stellt das Entweichen des chemisch gebundenen Wassers dar und Peak II bei etwa 400 °C ist auf die Reaktion von Calciumhydroxid im Zement zurückzuführen. Beide Peaks werden für die Analyse der Leimproben genauer betrachtet. Peak III, im Temperaturbereich von 550 bis 650 °C, kann auf carbonatisierte Bereiche im Zement hinweisen. Auch auf diesen Temperaturbereich wird später ausführlicher eingegangen. Alle drei gemessenen Peaks resultieren aus der Lagerung des Zementes.

Abb. 49 zeigt die Ergebnisse der Messungen für die verschiedenen Hüttensande im Vergleich.

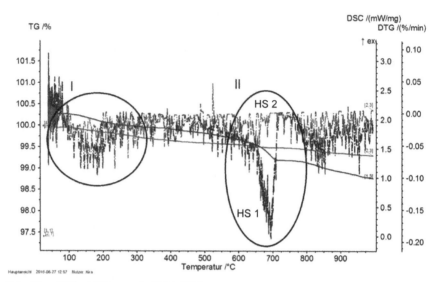

Abb. 49:   TGA - Hüttensande HS 1, HS 2.

Die durchgezogenen Linien zeigen die TG-Kurven, die strichpunktierten Linien sind deren Ableitungen. HS 1 ist in blau dargestellt, HS 2 in grün. Auffällig sind zwei Peaks. Peak I zwischen 100 und 250 °C kann wie bei dem Zement auf hydratisierte Bereiche der Hüttensande zurückgeführt werden. Diese sind bei HS 1 stärker ausgeprägt. Ein Peak für Calciumhydroxid wie bei reinem Zement kann bei beiden Hüttensanden nicht nachgewiesen werden und bestätigt, dass bei der Hydratation von reinem Hüttensand kein Calciumhydroxid gebildet wird. Auffällig ist Peak II, der bei HS 1 sehr viel stärker ausgeprägt ist als bei HS 2. Der Temperaturbereich von etwa 650 bis gut 700 °C kann der Reaktion von Calciumcarbonat zugeordnet werden. Er wird später genauer analysiert. Die Kurvenverläufe lassen darauf schließen, dass HS 1 länger gelagert wurde als HS 2, was zu einer fortgeschritteneren Hydratation sowie einer vermehrten Carbonatisierung führte. Die Ergebnisse stimmen mit der realen Situation überein.

Verwunderungen darüber, dass die Probe von HS 1 in der ersten halben Stunde der Messung zunächst prozentual an Gewicht zunimmt, können durch geringfügige Verunreinigungen des Stickstoffes im Probenraum erklärt werden. Dabei könnte es sich beispielsweise um Sauerstoff handeln, der mit den in der Probe vorhandenen Schwefelionen reagiert.

Ein typischer Kurvenverlauf hüttensandhaltiger Leimmischungen ist in Abb. 50 exemplarisch an der Probe mit einem w/b-Wert von 0.45 und 80 M.-% von HS 1 nach 28 Tagen dargestellt.

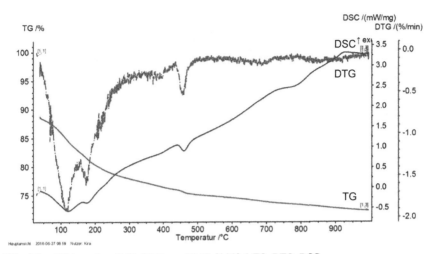

Abb. 50: TGA - w/b = 0.45, 28 Tage, 80 M.-% HS 1 TG, DTG, DSC.

Bei der Betrachtung der DTG-Kurve lassen sich zwei sehr eindeutige Peaks bei gut 100 °C und bei etwa 450 °C beobachten. Bei hohen Hüttensandgehalten ist zudem ein zweiter Peak im Temperaturbereich von 150 °C bis 200 °C ersichtlich, der sich mit dem Peak, der bei 100 °C seinen Maximalwert hat, überschneidet.

Nachfolgend finden Analysen der einzelnen Temperaturbereiche getrennt voneinander statt. Dies ermöglicht die Interpretation der Messergebnisse. Hierfür werden im Folgenden teilweise Annahmen getroffen, die in den betreffenden Kapiteln näher erläutert werden.

8.2.1   Calciumhydroxid

Zunächst wird der Peak um 450 °C betrachtet. Er lässt sich der Reaktion von Calciumhydroxid zu Wasser und Calciumoxid zuordnen. Diese Annahme stimmt mit Angaben in der gängigen wissenschaftlichen Fachliteratur überein. So ordnen Alarcon-Ruiz, Platret et al. der Reaktion von Calciumhydroxid im Zementleim den Temperaturbereich von 450 – 550 °C zu, Belie und Krathy et al. geben 410 – 480 °C an, Pane und Hansen 440 – 520 °C und Scrivener, Snellings und Lothenbach 400 – 500 °C[289]. Diese Werte konnten auch im eigenen Versuch mit reinem Calciumhydroxid bestätigt werden.

Das Ergebnis ist in Abb. 51 dargestellt.

---

[289] *Alarcon-Ruiz / Platret* et al., 2005: 610; *Belie / Krathy* et al., 2010: 1725; *Pane / Hansen*, 2005: 1157; *Scrivener / Snellings / Lothenbach*, 2016: 191.

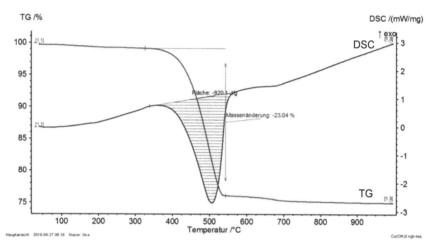

Abb. 51:   TGA - Calciumhydroxid TG, DSC.

Ein Masseverlust von 23.04 % konnte im Temperaturbereich von 360 – 550 °C nachgewiesen werden. Dieser Masseverlust ist auf das Verdampfen des bei der Reaktion frei werdenden Wassers zurückzuführen. Die Reaktionsgleichung lautet:

$$Ca(OH)_2 \rightarrow CaO + H_2O \tag{8.1}$$

Die Molmasse von Calciumhydroxid beträgt in etwa 74 g/mol, die von Calciumoxid rund 56 g/mol und von Wasser 18 g/mol. Der theoretische Masseverlust des Wassers berechnet sich demnach zu

$$\frac{18}{74} = 0.2432, \text{ was } 24.32 \text{ \% entspricht.} \tag{8.2}$$

Das Messergebnis zeigt eine gute Übereinstimmung mit dem theoretischen Wert.

Die Auswertung des Calciumhydroxidgehaltes in den Proben erfolgt mittels der Analysesoftware „NETZSCH-Proteus-61". Der Temperaturbereich zur Bestimmung des Masseverlustes wird mithilfe der Ableitung der TG-Kurve (= DTG-Kurve) gesetzt. Des Weiteren wurde die Fläche des Peaks der DSC-Kurve bestimmt. Es kann ein linearer Zusammenhang zwischen der Massenänderung in M.-% (MV) und der gemessenen Fläche in J/g (F) festgestellt werden. Mittels Regressionsanalyse kann der Zusammenhang wie folgt beschrieben werden:

$$MV = 0.02845 \cdot F \tag{8.3}$$

Das R^2-Maß der Regression beträgt 99.61 %. Aufgrund der gleichen Aussagekraft beider Verfahren werden im Folgenden hauptsächlich die TG-Kurve und deren Ableitung betrachtet, um die Darstellung übersichtlicher zu gestalten.

Nach Scrivener, Snellings und Lothenbach müssen sämtliche Masseverluste, die unter 600 °C beobachtet werden, auf die Masse bei 600 °C normiert werden[290]. Stephant und Chomat et al. normieren ihre Messwerte auf 550 °C[291].

Dies folgt der Annahme, dass alle Hydratationsprodukte bis zu dieser Temperatur zerfallen, sodass eine Normierung auf 100 g unhydratisierten Binder - Zement und Hüttensand - stattfindet. Dies resultiert aus der Beobachtung, dass das in den Hydratationsprodukten chemisch gebundene Wasser bis 600 °C herausgelöst wird.

Aus dem normierten Masseverlust, der aus dem frei werdenden Wasser entsteht, kann die Masse des Calciumhydroxides berechnet werden, welches sich in der Probe befindet.

$$Ca(OH)_2 \ [M.\text{-}\%] = \frac{H_2O \ [M.\text{-}\%]}{24.32} \cdot 100 \tag{8.4}$$

Dieser Zusammenhang ergibt sich aus den Molmassen der einzelnen Bestandteile.

Bei der Erhöhung des Hüttensandgehaltes zeigt sich bei beiden w/b-Werten und beiden Hüttensanden ein annähernd linearer Zusammenhang zum Gehalt an Calciumhydroxid in der Leimmischung. Diese Beobachtung dient als Grundlage für eine lineare Regressionsanalyse und wird unter 8.3. genauer betrachtet.

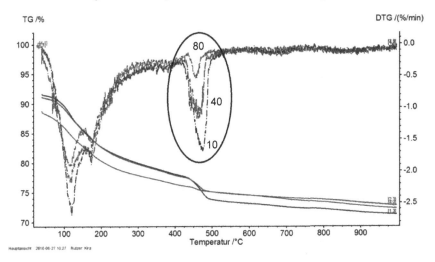

Abb. 52:   TGA - 10, 40, 80 M.-% (w/b = 0.45, 28 Tage, HS 1).

---

[290] *Scrivener / Snellings / Lothenbach*, 2016: 197.
[291] *Stephant / Chomat et al.*, 2015: 3.

Beispielhaft wird diese Beobachtung an den Leimmischungen mit HS 1 und einem w/b-Wert von 0.45 nach 28 Tagen dargestellt. Die blaue Kurve zeigt einen Hüttensandgehalt von 10 M.-%, die rote von 40 M.-% und die grüne von 80 M.-%. Eine eindeutige Abnahme des Calciumhydroxidgehaltes mit steigenden Hüttensandgehalten ist erkennbar. In Abb. 53 bis Abb. 55 ist der Calciumhydroxidgehalt der Proben in Abhängigkeit von dem Hüttensandanteil und der Hydratationsdauer für beide Hüttensande und für die unterschiedlichen w/b-Werte dargestellt.

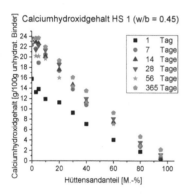

Abb. 53:   Calciumhydroxidgehalt (HS 1, w/b = 0.45).

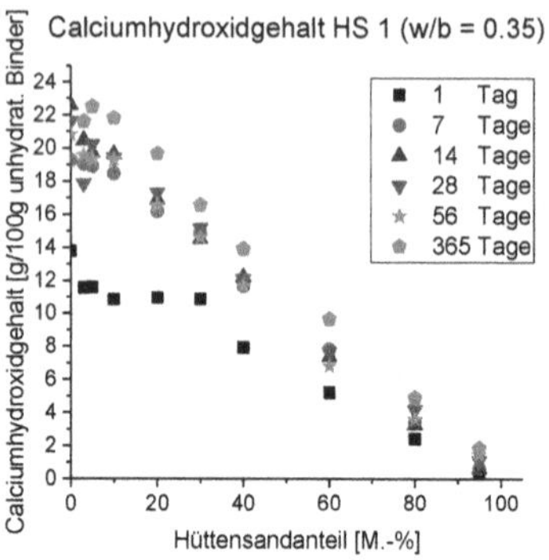

Abb. 54:   Calciumhydroxidgehalt (HS 1, w/b = 0.35).

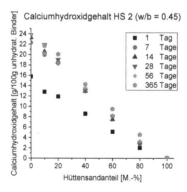

Abb. 55:   Calciumhydroxidgehalt (HS 2, w/b = 0.45).

Der Verlauf des Calciumhydroxidgehaltes lässt sich zum einen durch den abnehmenden Anteil an Calciumhydroxid produzierendem Portlandzement erklären. Zum anderen kann diese Beobachtung auch auf die puzzolanische Reaktion von Hüttensand zurückzuführen sein. Dieser Sachverhalt wird später erneut aufgegriffen.

Zudem zeigt die Auswertung des gesamten Calciumhydroxidgehaltes der Proben deutlich, dass dieser vor allem vom ersten bis zum siebten Tag erheblich ansteigt, während er sich ab diesem Zeitpunkt bis zum 365. Tag nahezu konstant verhält. Diese Beobachtung ist unabhängig vom w/b-Wert sowie vom Hüttensandgehalt der Proben. Auch bei Leimen ohne Hüttensand zeigt sich dieses Verhalten, sodass hierbei von einem allgemeinen Phänomen auszugehen ist.

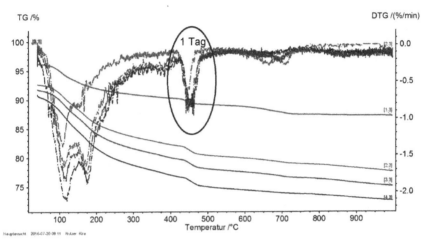

Abb. 56: TGA - 1 Tag, 7 Tage, 14 Tage, 28 Tage (w/b = 0.45, 60 M.-% HS 1).

Die Grafik zeigt diese Beobachtung exemplarisch an der Probe mit einem w/b-Wert von 0.45 und 60 M.-% HS 1 zu vier verschiedenen Zeitpunkten. Der rote Kurvenverlauf beschreibt dabei den ersten Tag, der grüne den siebten Tag, der lilafarbene den 14. und der blaue den 28. Tag.

In Abb. 57 bis Abb. 59 ist der Calciumhydroxidgehalt im Zeitverlauf exemplarisch für HS 1 mit einem w/b-Wert von 0.45 und unterschiedlichen Massenanteilen Hüttensand dargestellt.

Bis zum 365. Tag entwickelt sich der Gehalt an Calciumhydroxid ähnlich wie eine Sättigungskurve. Es könnten Vermutungen angestellt werden, dass der Verlauf langfristig wieder abfällt, da sich die Portlandzementreaktion verlangsamt und der Hüttensand weiter Calciumhydroxid verbraucht. Abb. 58 zeigt die gleichen Werte. Jedoch wurde auf der x-Achse die Zeit in Tagen logarithmiert. Hiermit wird der Verlauf der Sättigungskurve annähernd linearisiert. Auf den Nutzen dieser Darstellung wird im Kapitel 8.3. genauer eingegangen.

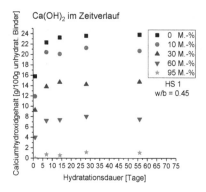

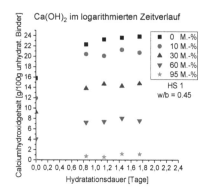

Abb. 57: Calciumhydroxid im Zeitverlauf (HS 1, w/b = 0.45).

Abb. 58: Calciumhydroxid im logarithmierten Zeitverlauf (HS 1, w/b = 0.45).

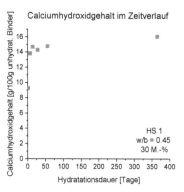

Abb. 59: Calciumhydroxid im Zeitverlauf bis 365 Tage (HS 1, w/b = 0.45, 30 M.-%).

Beim Vergleich beider w/b-Werte lässt sich festhalten, dass der Calciumhydroxidgehalt bei dem w/b-Wert von 0.35 bis zu einer Austauschrate von 20 M.-% an Hüttensand geringer ist als bei einem w/b-Wert von 0.45. Dies lässt sich darauf zurückführen, dass dem Portlandzement bei einem w/b-Wert von 0.45 mehr Wasser zur Hydratation zur Verfügung steht und somit mehr Calciumhydroxid gebildet wird. Ab 30 M.-% Hüttensand sind die Calciumhydroxidgehalte beider w/b-Wert vor allem nach 14 und nach 28 Tagen annähernd gleich. Diese Beobachtung resultiert daraus, dass dem Portlandzement bei steigendem Hüttensandgehalt verhältnismäßig mehr Wasser zur Verfügung steht und der wirkliche w/b-Wert über 0.35 liegt. Mit einer einfachen Rechnung zeigt sich, dass ab einem Hüttensandgehalt von 30 M.-% in diesem Versuchsprogramm auch für die Proben mit dem theoretischen w/b-Wert von 0.35 für die Portlandzementreaktion ein w/z-

Wert von über 0.45 vorliegt. Dafür wird angenommen, dass der Portlandzement unabhängig vom Hüttensandgehalt reagiert.

$$\frac{w}{b} = 0.35 \qquad \rightarrow \quad \frac{w}{z + h} = 0.35 \tag{8.5}$$

$$\frac{w}{z} = 0.45 \qquad \rightarrow \quad w = 0.45 \cdot z \tag{8.6}$$

(8.6) in (8.5) einsetzen:

$$\frac{0.45 \cdot z}{z + h} = 0.35 \rightarrow \frac{z}{h} = 3.5 \tag{8.7}$$

Wobei z den Zementgehalt, w den Wassergehalt und h den Hüttensandgehalt der Probe bezeichnen.

Diese Beziehung ist ab einem Hüttensandgehalt von 30 M.-% im Zementleim erfüllt (70/30 = 2.33 < 3.5).

Ab dem 56. Tag ist zu beobachten, dass sich der Einfluss des w/b-Wertes aufhebt. Schon bei einer Austauschrate von 10 M.-% ist eine ähnliche Menge an Calciumhydroxid in den Proben der beiden w/b-Werte vorhanden.

Zur Verdeutlichung dieses Sachverhaltes sind in Abb. 60 bis Abb. 65 die Verläufe beider w/b-Werte von HS 1 im Vergleich zu allen sechs Zeitpunkten dargestellt.

Bei der Betrachtung beider Hüttensande im Vergleich ist erkennbar, dass HS 2 im Allgemeinen etwas höhere Calciumhydroxidanteile aufweist. Dies lässt sich dadurch erklären, dass HS 2 feiner gemahlen ist als HS 1 und somit reaktiver ist. Die Verläufe des Calciumhydroxides zu allen sechs Zeitpunkten sind in Abb. 66 bis Abb. 71 dargestellt. Vergleichbar sind die Proben mit Hüttensandanteilen von 10, 20, 40, 60 und 80 M.-%. Der Unterschied ist zu allen Zeitpunkten erkennbar und bei einer Austauschrate von 40 M.-% am deutlichsten.

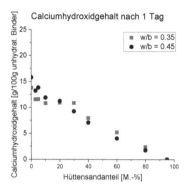

Abb. 60: Calciumhydroxidgehalt nach 1 Tag.

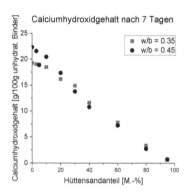

Abb. 61: Calciumhydroxidgehalt nach 7 Tagen.

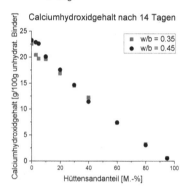

Abb. 62: Calciumhydroxidgehalt nach 14 Tagen.

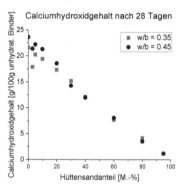

Abb. 63: Calciumhydroxidgehalt nach 28 Tagen.

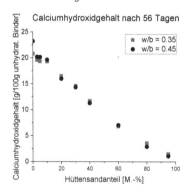

Abb. 64: Calciumhydroxidgehalt nach 56 Tagen.

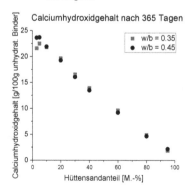

Abb. 65: Calciumhydroxidgehalt nach 365 Tagen.

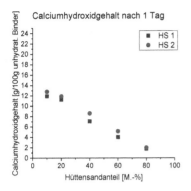

Abb. 66: Calciumhydroxidgehalt nach 1 Tag.

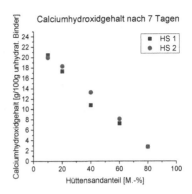

Abb. 67: Calciumhydroxidgehalt nach 7 Tagen.

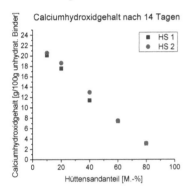

Abb. 68: Calciumhydroxidgehalt nach 14 Tagen.

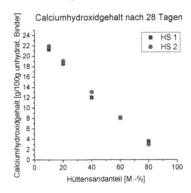

Abb. 69: Calciumhydroxidgehalt nach 28 Tagen.

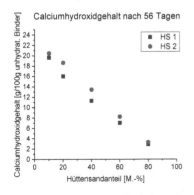

Abb. 70: Calciumhydroxidgehalt nach 56 Tagen.

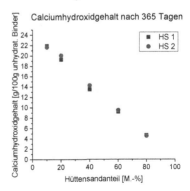

Abb. 71: Calciumhydroxidgehalt nach 365 Tagen.

Interessant ist zudem zu untersuchen, ob und in welchem Maße Hüttensand im Zementleim Calciumhydroxid konsumiert, wie einige Quellen angeben. Dies könnte Aufschluss darüber geben, ob Hüttensand puzzolanische Eigenschaften aufweist. Für diese Untersuchung wird zunächst angenommen, dass der Portlandzement im Gemisch unabhängig vom Hüttensandgehalt reagiert und Calciumhydroxid produziert. Diese Annahme spiegelt jedoch nicht die Realität wieder, da beide Ausgangsstoffe während der Hydratation interagieren. Zudem steht dem Portlandzement in den Proben mit einem w/b-Wert von 0.35, wie zuvor beschrieben, eine größere Menge an Wasser zur Verfügung, wenn die Austauschrate steigt. Bei einem w/b-Wert von 0.45 ist diese Annahme eher gerechtfertigt, da Portlandzement zur vollständigen Hydratation einen w/z-Wert von etwa 0.4 benötigt und somit selbst ohne der Zugabe von Hüttensand ausreichend Wasser vorhanden ist. Pro Mischung wurde mithilfe der Referenzprobe der Gehalt an Calciumhydroxid bestimmt, der durch den Anteil von Portlandzement im Gemisch entsteht. Es wurde angenommen, dass sich dieser linear zum Anteil des Hüttensandes in den Leimproben verhält. Im Anschluss konnte mit der Differenz des vom Portlandzement gebildeten Calciumhydroxidgehaltes und der tatsächlich in der Probe vorhandenen Menge der Anteil des Calciumhydroxides berechnet werden, der den Konsum von Seiten des Hüttensandes darstellt.

$$CH_{Konsum} = CH_{Portlandzement} - CH_{gemessen} \tag{8.8}$$

Die Werte wurden auf 100 g unhydratisierten Binder normiert. Abb. 72 bis Abb. **74** zeigen die Ergebnisse.

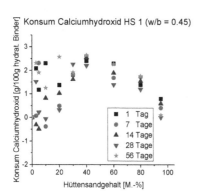

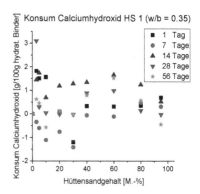

Abb. 72:   Konsum Calciumhydroxid (HS 1 w/b = 0.45).

Abb. 73:   Konsum Calciumhydroxid (HS 1 w/b = 0.35).

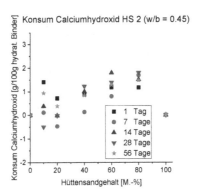

Abb. 74: Konsum Calciumhydroxid (HS 2 w/b = 0.45).

Deutlich wird, dass die Werte im Allgemeinen positiv sind. Das bedeutet, dass ein Calciumhydroxidkonsum von Seiten des Hüttensandes stattfindet. Dies belegt puzzolanische Eigenschaften des Hüttensandes. Die negativen Werte bei einem w/b-Wert von 0.35 lassen sich auf die falsche Annahme, dass der Portlandzement unabhängig vom Hüttensandgehalt reagiert, zurückführen.

Negative Werte könnten bedeuten, dass der Hüttensand selbst Calciumhydroxid produziert oder dass aus der Portlandzementreaktion durch die Anwesenheit von Hüttensand mehr Calciumhydroxid hervorgeht. Laut Angaben in der Literatur scheint zweitgenanntes wahrscheinlicher[292]. Die Ergebnisse der Untersuchungen dieser Arbeit bestätigen die Anregung der Portlandzementreaktion durch die Anwesenheit von Hüttensand im Gemisch.

Bei der Betrachtung der Proben von HS 1 und dem w/b-Wert von 0.45 fällt auf, dass der Konsum von Calciumhydroxid bis 40 M.-% tendenziell ansteigt und von dort an wieder abnimmt. Bis zu dieser Austauschrate verursacht die Erhöhung des Hüttensandgehaltes scheinbar den Konsum von Calciumhydroxid. Wird der Hüttensandgehalt über 40 M.-% erhöht, so nimmt der Konsum ab, da im Verhältnis weniger Portlandzement vorhanden ist, der Calciumhydroxid bildet.

Der Verlauf ähnelt dem Diagramm über den Konsum von Calciumhydroxid aus den Untersuchungen von Chen und Brouwers (Kap. 6.4.1, S.57)[293].

---

[292] *Stephant / Chomat*, 2015: 2; *Castellano / Bonavetti* et al., 2016: 684; *Gruyaert / Robeyst / De Belie*, 2010: 947; *Locher*, 2000: 214.

[293] *Chen / Brouwers*, 2006: 459.

8.2.2   Chemisch gebundenes Wasser

In vielen Studien wird das chemisch gebundene Wasser von Leimproben verwendet, um einen allgemeinen Hydratationsgrad zu berechnen[294]. Es gilt als guter Indikator dafür.

Das chemisch gebundene Wasser wird bei der thermogravimetrischen Analyse bis zu einer Temperatur von etwa 600 °C freigesetzt. Scrivener, Snellings und Lothenbach nennen diesbezüglich einen Temperaturbereich von 50 bis 600 °C[295]. Wang und Lee hingegen nahmen in ihren Untersuchungen ein Temperaturintervall von 105 bis 800 °C an. Sie korrigierten ihre Ergebnisse für diesen Bereich jedoch um den Masseverlust, der einer Oxidation von unhydratisierten Zementbestandteilen zuzuordnen war[296]. In den thermogravimetrischen Analysen von Stephant und Chomat et al. wird der Verlust von chemisch gebundenem Wasser dem Temperaturbereich von 105 bis 550 °C zugeordnet[297].

In der nachfolgenden Auswertung wird angenommen, dass der Masseverlust des chemisch gebundenen Wassers im Temperaturbereich von 40 °C bis 600 °C stattfindet. Dies ergibt sich aus einem eindeutigen Peak bei gut 100 °C, der ab 40 °C beginnt, und der Annahme, dass bis 600 °C das gesamte chemisch gebundene Wasser entweicht. Bei dieser Annahme wird der Wert für das chemisch gebundene Wasser vermutlich etwas überschätzt, da in dem Temperaturbereich von 40 bis 105 °C zunächst Wasser aus den Kapillar- und Gelporen entweicht, bevor das chemisch gebundene Wasser gelöst wird.

Die auf den Massenanteil bei 600 °C normierten Werte sind für beide Hüttensande und die verschiedenen w/b-Werte in Abb. 75 bis Abb. 77 dargestellt. Aus den Diagrammen wird ersichtlich, dass der größte Zuwachs an chemisch gebundenem Wasser bis zum siebten Tag stattfindet. Bis zu diesem Zeitpunkt zeigen die Grafiken sinkende Werte bei steigendem Hüttensandgehalt. Dies lässt sich dadurch erklären, dass die Hüttensandreaktion wesentlich langsamer abläuft als die von Portlandzement. Im weiteren Zeitverlauf steigt der Gehalt weiter an, jedoch nicht mehr so stark wie zuvor. Zudem lässt sich beobachten, dass bei geringen Hüttensandgehalten - bis ca. 20 M.-% - mehr oder gleich viel chemisch gebundenes Wasser vorliegt wie bei den Referenzmischungen. Dies kann durch die latent hydraulische Hüttensandreaktion erklärt werden, die ab diesen Zeitpunkten einsetzt und den Reaktionsprozess der Leimmischung prägt. Bei höheren Hüttensandgehalten scheint die Menge an Portlandzement nicht auszureichen, um bis zum 28. Tag das Hüttensandglas in gleicher Weise zu aktivieren. Bei den Messungen nach 56 und 365 Tagen fällt auf, dass das chemisch gebundene Wasser

---

[294] *Stephant / Chomat* et al., 2015: 1; *Castellano / Bonavetti* et al., 2016: 682;
    Gruyaert / Robeyst / De Belie, 2010: 942.
[295] *Scrivener / Snellings / Lothenbach*, 2016: 191.
[296] *Wang / Lee*, 2010: 988.
[297] *Stephant / Chomat* et al., 2015: 3.

auch mit steigenden Gehalten bis etwa 60 M.-% (HS 1) nicht weniger ist als in der Referenzmischung. Diese Beobachtung bestätigt, dass Hüttensand langsamer reagiert als Portlandzement und dass das Potential demnach erst nach einer längeren Zeitspanne ersichtlich wird. Wenn das chemische gebundene Wasser als Indikator für den Hydratationsgrad herangezogen wird, so ist nach 365 Tagen bei HS 1 noch weiteres Reaktionspotential bei Hüttensandgehalten von über 60 M.-% zu erkennen. Fraglich bleibt, ob ein vollständiger Hydratationsgrad langfristig für diese Proben erreicht wird oder ob eine optimale Austauschrate von Hüttensand (etwa zwischen 40 und 60 M.-%) bezüglich des Hydratationsgrades festgelegt werden kann.

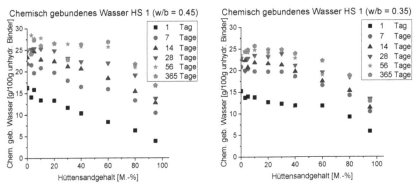

Abb. 75:   Chemisch gebundenes Wasser   **Abb. 76:**   Chemisch gebundenes Wasser
(HS 1 w/b = 0.45).   (HS 1 w/b = 0.35).

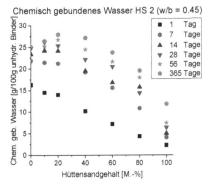

Abb. 77:   Chemisch gebundenes Wasser (HS 2 w/b = 0.45).

Der Gehalt an chemisch gebundenem Wasser im zeitlichen Verlauf ist in Abb. 78 und Abb. 79 für ausgewählte Massenanteile von HS 1 für beide w/b-Werte dargestellt.

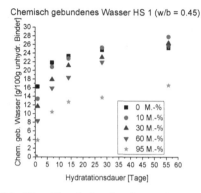
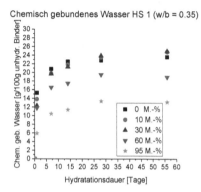

Abb. 78: Chemisch gebundenes Wasser   **Abb. 79:** Chemisch gebundenes Wasser im
im Zeitverlauf (HS 1 w/b = 0.45).   Zeitverlauf (HS 1 w/b = 0.35).

Wie auch in anderen Studien ermittelt, zeigen die Messwerte Sättigungskurven im Zeitverlauf[298]. Nach 28 Tagen ist für den Hüttensandgehalt von 10 M.-% mehr chemisch gebundenes Wasser nachzuweisen als in der Referenzmischung. Dies ist vermutlich auf die hydraulische Reaktion des Hüttensandes in diesem Zeitraum zurückzuführen.

Bei der Betrachtung der beiden w/b-Werte von HS 1 fällt auf, dass am Anfang der Hydratation – nach dem ersten und siebten Tag - bis zu einer Austauschrate von 20 M.-% annähernd gleiche Werte für das chemisch gebundene Wasser erzielt werden. Bei höheren Hüttensandgehalten enthalten die Proben bis zum siebten Tag mit einem w/b-Wert von 0.35, entgegen den Erwartungen, einen größeren Anteil an chemisch gebundenem Wasser als die Mischungen mit einem höheren w/b-Wert. Diese Beobachtung steht im Widerspruch mit der Überlegung, dass für die anfänglich vom Portlandzement bestimmte Hydratation ab einem Hüttensandgehalt von 30 M.-% bei einem w/b-Wert von 0.35 ein relevanter w/z-Wert von über 0.45 besteht (Kap. 8.2.1, S. 99). Demnach wäre zu erwarten, dass das chemisch gebundene Wasser von den Proben beider w/b-Werte in den ersten Tagen und bei Austauschraten von über 30 M.-% ein annähernd gleiches Verhalten zeigt.

Ab dem 14. Tag enthalten die Proben mit größerem w/b-Wert einen höheren Gehalt an chemisch gebundenem Wasser. Diese Beobachtung war zu erwarten und resultiert daraus, dass den Ausgangsstoffen bei einem geringeren w/b-Wert weniger freies Wasser zur Reaktion zur Verfügung steht.

Die Werte des chemisch gebundenen Wassers der Proben mit beiden w/b-Werten sind zu allen sechs Zeitpunkten in Abb. 80 bis Abb. 85 zu finden.

---

[298] *Wang / Lee*: 2010: 993.

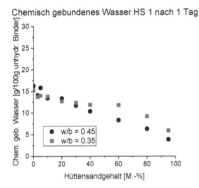

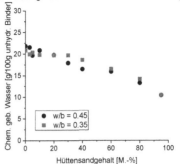

Abb. 80: Chemisch gebundenes Wasser   **Abb. 81:** Chemisch gebundenes Wasser
            nach 1 Tag.   nach 7 Tagen.

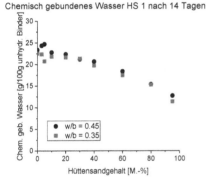

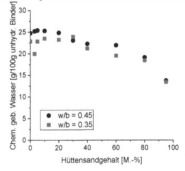

Abb. 82: Chemisch gebundenes Wasser   **Abb. 83:** Chemisch gebundenes Wasser
            nach 14 Tagen.   nach 28 Tagen.

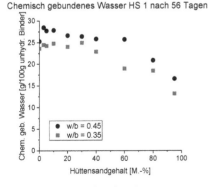

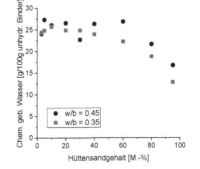

Abb. 84: Chemisch gebundenes Wasser   **Abb. 85:** Chemisch gebundenes Wasser
            nach 56 Tagen.   nach 365 Tagen.

8.2.3   CSH-Phasen

Die Bildung von CSH-Phasen bestimmt maßgeblich die Eigenschaften des Zementleimes. Diese Phasen tragen vor allem zur Festigkeitsentwicklung des Materials bei.

Das darin enthaltene, chemisch gebundene Wasser wird bei der thermogravimetrischen Analyse bis zu einer Temperatur von etwa 600 °C freigesetzt. In der nachfolgenden Auswertung wird - vergleichbar zu 8.2.2. - angenommen, dass sich der
Masseverlust der CSH-Phasen über den Temperaturbereich von 40 °C bis 600 °C
erstreckt. Um den Wasseranteil zu erhalten, der sich auf die Bildung von CSH-
Phasen bezieht, wird der Masseverlust in diesem Intervall um bestimmte Prozesse
reduziert.

Nachfolgend werden dazu einige Annahmen getroffen und beschrieben, von wel-
chen Teilprozessen bis zu der Temperatur von 600 °C ausgegangen wird.

Zunächst findet eine genaue Betrachtung der DTG-Kurven statt. Aus den Messungen ist ersichtlich, dass sich bei steigendem Hüttensandgehalt in der Leimmischung zunehmend ein zweiter Peak in diesem Temperaturbereich ausbildet, der
sich wie eine „Schulter" mit dem Peak um gut 100 °C überschneidet.

Diese Beobachtung ist in Abb. 86 exemplarisch an den 14 Tage alten Proben mit
HS 1 und dem w/b-Wert von 0.45 dargestellt.

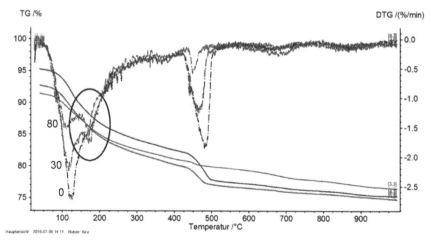

Abb. 86:   TGA - 0, 30, 80 M.-% (w/b = 0.45, 14 Tage, HS 1).

In der Grafik ist die Referenzprobe ohne Hüttensand in blau dargestellt, die Mischungen mit 30 M.-% Hüttensand in rot und 80 M.-% in grün. Zu erkennen ist,

dass reiner Portlandzementleim keinen zweiten Peak zwischen 150 und 200 °C ausbildet. Schlussfolgernd entsteht dieser durch Reaktionen des Hüttensandes.

Um die Reaktivität von Hüttensand genauer zu analysieren, ist demnach die Auswertung des zweiten Peaks von besonderer Bedeutung.

Durch die Überlagerung beider Peaks ist eine getrennte Betrachtung mittels der „NETZSCH-Proteus-61" Software nicht möglich. Um beide Peaks zu trennen, wäre beispielsweise eine Verminderung der Heizrate denkbar, was jedoch im Rahmen dieser Arbeit vom Umfang nicht möglich war.

Um den Temperaturbereich zwischen 40 und etwa 325 °C, in dem sich die überlagerten Peaks befinden, auswerten zu können, wurde die Analysesoftware „OriginPro 2016" verwendet. Als Ausgangsdaten dienten die Werte der DTG-Kurven.

Zunächst wurde der Wertebereich auf das genannte Temperaturintervall begrenzt. Als kleinster Wert wurde 40 °C festgelegt. Um die maximale Temperatur des zu analysierenden Bereiches zu ermitteln, wurden die DTG-Verläufe jeder Probe individuell betrachtet. Im Allgemeinen kann das Ende des Reaktionsprozesses bei etwa 325 °C ausgemacht werden.

Die Vorgehensweise wird nachfolgend exemplarisch an der Probe mit 30 M.-% HS 1 nach 14 Tagen mit einem w/b-Wert von 0.45 erläutert.

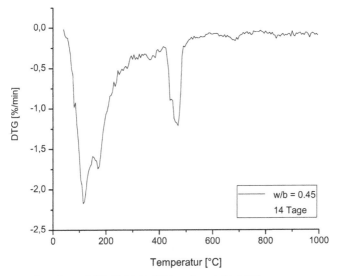

Abb. 87:   Peakanalyse - DTG 30 M.-% HS 1, w/b = 0.45, 14 Tage.

Nach der Wahl des zu betrachtenden Temperaturintervalls wurde die DTG-Kurve in diesem Bereich mithilfe einer Basislinie normiert. Die Basislinie ist in Abb. 88 zu erkennen.

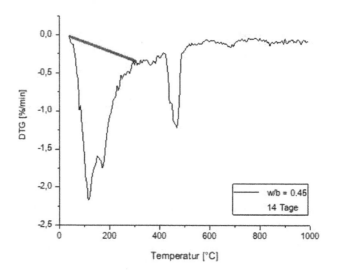

Abb. 88:   Peakanalyse – Basislinie.

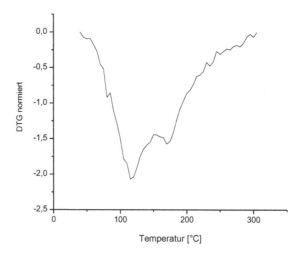

Abb. 89:   Peakanalyse – DTG normiert.

Das Ziel war anschließend, die normierte DTG-Kurve mittels geeigneten Funktionsverläufen darzustellen, sodass die Reaktionsprozesse getrennt betrachtet werden können. Getestet wurden Gauß- und Lorentzkurven. Nach einigen Simulationsdurchläufen mit beiden Funktionen war ersichtlich, dass drei Gaußfunktionen den Verlauf am besten abbilden. Diese wurden bis zur Konvergenz gefittet. In Abb. 90 werden die drei Peaks in rot, blau und grün dargestellt. Der kumulierte Kurvenverlauf ist mit einer gestrichelten Linie gezeichnet.

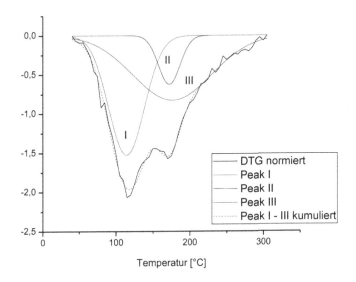

Abb. 90:   Peakanalyse - Gaußkurven.

Die Anwendung dieses Verfahrens auf alle DTG-Kurvenverläufe zeigt eine sehr gute Übereinstimmung mit den Messergebnissen. Auch die Referenzproben ohne Hüttensand lassen sich mithilfe der drei Gaußkurven hervorragend abbilden. Dies zeigt die Abb. 91 am Beispiel einer Zementleimprobe mit einem w/z-Wert von 0.35 nach sieben Tagen.

Anschließend wurden die Integrale der Gaußfunktionen berechnet. Dabei beschreibt die Fläche die Massenveränderung, die durch die ablaufenden Reaktionen hervorgerufen wurde.

Wie eingangs erwähnt, werden die Massenänderungen im Temperaturbereich zwischen 40 und 325 °C dem Verlust von Wasser zugeordnet.

Zunächst wird der Verlust des chemisch gebundenen Wassers in diesem Bereich durch das Integral der drei Gaußkurven betrachtet. Die Flächen der drei Kurven stimmen sehr gut mit dem Integral der normierten DTG-Kurve in diesem Bereich überein.

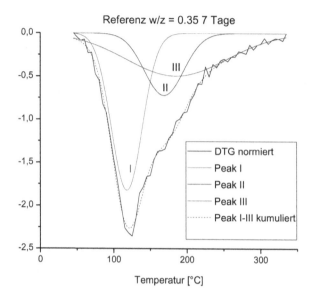

Abb. 91:   Peakanalyse - Referenzprobe w/z = 0.35 7 Tage.

Die Ergebnisse sind in Abb. 92 bis Abb. 94 dargestellt.

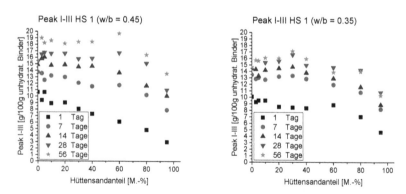

Abb. 92:   Peak I-III (HS 1 w/b = 0.45).   **Abb. 93:**   Peak I-III (HS 1 w/b = 0.35).

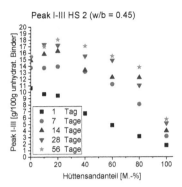

Abb. 94: Peak I-III (HS 2 w/b = 0.45).

Aus den Diagrammen ist ersichtlich, dass das chemisch gebundene Wasser, welches zwischen 40 und 325 °C freigesetzt wird, im Zeitverlauf ansteigt. Ab dem siebten Tag ist der Verlauf bei geringen Hüttensandgehalten konstant oder ansteigend und fällt bei höheren Hüttensandgehalten ab. Die Argumentation zu diesen Kurvenverläufen ist vergleichbar zu denen des chemisch gebundenen Wassers unter 8.2.2. und wird an dieser Stelle nicht vertieft.

Im nächsten Schritt wurden die Integrale der einzelnen Gaußfunktionen betrachtet. Die Fläche eines Peaks unter der DTG-Kurve entspricht der Masse, die während des Prozesses verändert wird. Diese Informationen lassen Rückschlüsse auf die prozentualen Anteile der drei Prozesse am gesamten Peak zu. Anschließend wurde für jede Probe der Masseverlust im Temperaturintervall von 40 bis 325 °C mithilfe der Software „NETZSCH-Proteus-61" ermittelt. Somit können die Masseverluste von Peak I bis III getrennt voneinander ermittelt und analysiert werden. Auch diese Werte werden auf den Massenanteil bei 600 °C normiert.

In Abb. 95 bis Abb. 97 werden die Werte von Peak I für beide Hüttensande und die unterschiedlichen w/b-Werte dargestellt.

In Übereinstimmung mit anderen Studien wird Peak I dem Wasserverlust aus CSH-Phasen zugeordnet[299]. Er beinhaltet jedoch zusätzlich das Wasser aus den Kapillar- und Gelporen in den Temperaturbereichen unter 105 °C. Diese Thematik wird später erneut aufgegriffen.

Die Werte von Peak II und III sind jeweils in Abb. 98 bis Abb. 103 dargestellt.

---

[299] *Scrivener / Snellings / Lothenbach*, 2016: 191; *Wang / Lee*, 2010: 988.

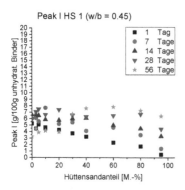

Abb. 95:   Peak I (HS 1, w/b = 0.45).   **Abb. 96:**   Peak I (HS 1, w/b = 0.35).

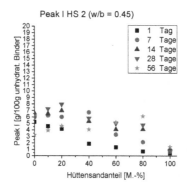

Abb. 97:   Peak I (HS 2, w/b = 0.45).

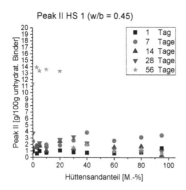

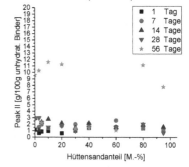

Abb. 98:   Peak II (HS 1, w/b = 0.45).   **Abb. 99:**   Peak II (HS 1, w/b = 0.35).

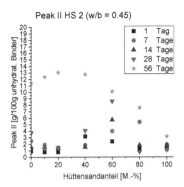

Abb. 100: Peak II (HS 2, w/b = 0.45).

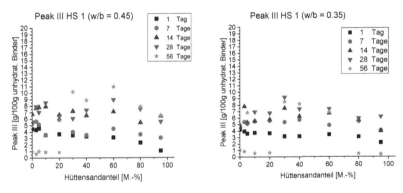

Abb. 101: Peak III (HS 1, w/b = 0.45).   **Abb. 102:** Peak III (HS 1, w/b = 0.45).

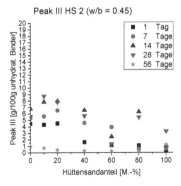

Abb. 103: Peak III (HS 2, w/b = 0.45).

Peak II zeigt keinen eindeutig interpretierbaren Verlauf. Für Peak III ist eine ab-
nehmende Tendenz bei steigendem Hüttensandgehalt erkennbar. Zudem ist (aus-
genommen der Messungen nach 56 Tagen) eine Zunahme mit der Erhöhung der
Hydratationszeit ersichtlich.

Da die Extremwerte von Peak II und Peak III bei einer annähernd gleichen Temperatur auftreten, werden sie nachfolgend addiert und als ein Prozess betrachtet.

Die Zusammenfassung beider Peaks ist in den nachstehenden Diagrammen gezeigt.

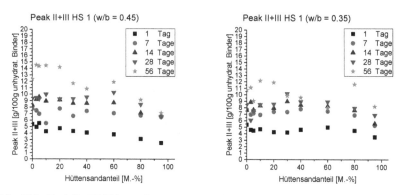

Abb. 104: Peak II+III (HS 1, w/b = 0.45).   **Abb. 105:** Peak II+III (HS 1, w/b = 0.35).

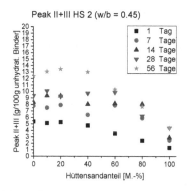

Abb. 106: Peak II+III (HS 2, w/b = 0.45).

Die Addition von Peak II und III verhält sich bis zu einer Austauschrate von etwa
60 M.-% annähernd konstant und fällt anschließend ab.

Eine Zunahme im zeitlichen Verlauf ist erkennbar. Zudem ist ersichtlich, dass bei
den Proben mit dem niedrigeren w/b-Wert geringere Werte nach 56 Tagen bis zu

einer Austauschrate von 60 M.-% erreicht werden. Dies kann dadurch erklärt werden, dass bei einem w/b-Wert von 0.35 zu wenig Wasser für eine vollständige Hydratation zur Verfügung steht und demnach weniger Reaktionsprodukte gebildet werden.

Der annähernd konstante Verlauf von Peak II und III bis zu 60 M.-% Hüttensand verdeutlicht, dass ein zunehmender Hüttensandgehalt die Bildung dieser Produkte bis zu dieser Austauschrate nicht negativ beeinflusst. Lediglich bei hohen Hüttensandgehalten nimmt der Gehalt von Peak II und III ab. Dies könnte daraus resultieren, dass im Verhältnis zum Hüttensand zu wenig Portlandzementklinker zur Verfügung steht, der das Hüttensandglas löst.

Stephant und Chomat et al. nennen als Reaktionsprodukte von hüttensandhaltigen Zementen neben Calciumhydroxid und CSH-Phasen vor allem Ettringit und Monocarboaluminat. Weitere typische Hüttensandreaktionsprodukte sind zudem Hydrotalcit und Monosulfoaluminat[300]. Es erscheint naheliegend, dass Peak II und III, welche sich als „Schulter" im DTG-Verlauf zeigen, vor allem Verbindungen aus Magnesium und Aluminium enthalten. Anzumerken ist dazu, dass Magnesiumoxid als Ausgangsstoff vor allem im Hüttensand vorliegt und Hüttensand zudem einen höheren Anteil an Aluminiumoxid aufweist als reiner Portlandzement.

Peak II und III liegen im Temperaturbereich von 150 bis 200 °C.

In einigen Untersuchungen fällt die Zuordnung von Ettringit in diesen Bereich. Alarcon-Ruiz und Platret et al. nennen beispielsweise ein Temperaturintervall von 110 bis 170 °C[301]. Antao, Duane und Hassan beschreiben den Zerfall von Ettringit im Temperaturverlauf mit zwei Prozessen. Der mithilfe der thermogravimetrischen Analyse bei etwa 150 °C gemessene Peak entspricht dem Wasserverlust aus Ettringit. Ein Masseverlust im Bereich zwischen 660 und 970 °C kann dem Verlust von Schwefeltrioxid zugewiesen werden. Der erste Peak ist wesentlich stärker ausgeprägt[302].

König beschreibt in seiner Dissertation, dass bei der Lösung des Hüttensandglases vor allem Aluminiumionen am Anfang der Hydratation herausgelöst werden[303]. Demnach besitzt hüttensandhaltiger Zement eine zusätzliche Aluminiumquelle. Dies würde auch erklären, dass Peak II und III bis zum siebten Tag stärker steigen als im weiteren Zeitverlauf.

---

[300] *Stephant / Chomat* et al., 2015: 7.
[301] *Alarcon-Ruiz / Platret* et al., 2005: 610.
[302] *Antao / Duane / Hassan*, 2002: 1407.
[303] *König*, 2009: 116.

Peak II und III könnten zudem den Zerfall von Hydrotalcit beinhalten. Dieser verläuft in mehreren Prozessen bei unterschiedlichen Temperaturen. Ein in der Literatur genannter erster Peak fällt in den betrachteten Temperaturbereich. Meyer nennt diesbezüglich einen Temperaturbereich von 100 bis 250 °C[304].

Das Unternehmen Kisuma Chemicals, welches Hydrotalcit synthetisch herstellt, konnte mittels thermogravimetrischen Analysen den Beginn des Zerfalls bei 180 °C feststellen[305].

Auch Reaktionen von Monocarbo- und Monosulfoaluminat wurden in dem maßgebenden Temperaturbereich festgestellt. Ramachandran nennt für Monosulfoaluminat Temperaturen von 200 bis 210 °C[306]. Und Alarcon-Ruiz und Platret et al. interpretierten in ihren Untersuchungen einen Peak bei 170 °C als Monocarboaluminat[307].

Aufgrund des sehr komplexen Reaktionsmechanismus können Peak II und III keinem Stoff alleinig zugeordnet werden. Es sind vielmehr Überlagerungen der genannten Reaktionsprodukte denkbar.

Festzuhalten ist, dass beide Peaks scheinbar aus Stoffen resultieren, die Magnesium und Aluminium enthalten und sich deshalb bei der Reaktion von Hüttensand in Verbindung mit Portlandzement ausbilden.

Weitere Untersuchungen der Proben, beispielsweise XRD-Messungen (X-Ray Diffraction, Röntgendiffraktometrie), könnten Aufschluss über die genaueren Zusammensetzungen und Ausprägungen der Hydratationsprodukte geben.

Interessant ist, dass Peak II und III den oben beschriebenen, annähernd konstanten Verlauf bis 60 M.-% Hüttensandanteil zeigen, wohingegen Peak I deutlich abnimmt. Dies erklärt, warum sich der Peak als „Schulter" der DTG-Kurve bei steigendem Hüttensandgehalt ausgeprägt.

Demnach scheint eine Betrachtung von Peak II und III als prozentualer Anteil aller drei Peaks sinnvoll zu sein.

Abb. 107 bis Abb. 109 zeigen den Masseverlust, der Peak II und III zugeordnet wird, als prozentualen Anteil des gesamten Masseverlustes zwischen 40 und 325 °C.

---

[304] *Meyer*, 2011: 70.
[305] Kisuma Chemicals: 6.
[306] *Ramachandran / Beaudoin*, 2001: 150.
[307] *Alarcon-Ruiz / Platret* et al., 2005: 611.

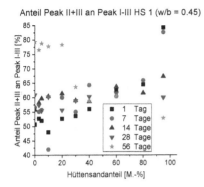
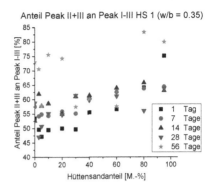

Abb. 107: Anteil Peak II+III an Peak I-III   **Abb. 108:** Anteil Peak II+III an Peak I-III
(HS 1, w/b = 0.45).   (HS 1, w/b = 0.35).

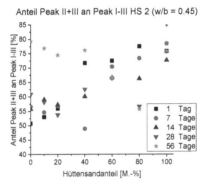

Abb. 109: Anteil Peak II+III an Peak I-III (HS 2, w/b = 0.45).

Auffällig ist, dass dieser im Allgemeinen bis zum 28. Tag mit steigendem Hüttensandgehalt zunimmt. Das bedeutet, dass bei steigendem Hüttensandgehalt im Vergleich zu den CSH-Phasen - Peak I - mehr aluminium- und magnesiumreiche Produkte gebildet werden. Diese Beobachtung lässt sich bezüglich der Bildung von CSH-Phasen durch die langsamere Hüttensandreaktion erklären. Interessant ist jedoch, dass trotz sinkendem Portlandzementanteil bei höheren Austauschraten und einer verzögerten Hüttensandreaktion die Menge an Aluminium- und Magnesiumprodukten nicht merklich abnimmt. Wie zuvor erwähnt, entstehen diese Produkte scheinbar aus dem Hüttensandglas, welches durch Lösung, angeregt durch den Portlandzement, Aluminiumionen abgibt.

In den Untersuchungen dieser Arbeit ist der Wasserverlust aus den genannten Reaktionsprodukten im Verhältnis zu dem Wassergehalt der gesamten Produkte dieses Temperaturintervalls bei hohen Hüttensandgehalten vor allem am Anfang der Hydratation besonders hoch. Dies würde die Beobachtung von König bestätigen, dass Hüttensand vor allem zu Beginn als zusätzliche Aluminiumquelle dient. HS 2 zeigt - bei Ausschluss der reinen Hüttensandprobe - ein ähnliches Verhalten. Bei dem w/b-Wert von 0.35 ist dies jedoch nicht so stark ausgeprägt. Vermutlich ist in diesen Proben weniger freies Wasser zum Lösen des Hüttensandglases vorhanden.

Da in dieser Versuchsreihe der Fokus auf der Reaktivität von Hüttensand liegt, wurden nachfolgend die aluminium- und magnesiumreichen Reaktionsprodukte der Leimmischungen alleine für den Hüttensand in der Probe separiert. Dafür wird angenommen, dass der Portlandzement und der Hüttensand in der Mischung unabhängig voneinander reagieren. Somit können die Reaktionsprodukte beider Ausgangsstoffe superponiert werden. Die gleiche Annahme wird in der Literatur häufig getroffen. Meinhard und Lackner nutzten diese Überlegung beispielsweise, um die Hydratationswärmeentwicklung beider Ausgangsstoffe zu trennen. Sie sprechen von einer sogenannten Aluminiumreaktion, die unabhängig vom Hüttensandgehalt in der Probe verläuft[308].

Angelehnt an das Untersuchungsvorgehen von Meinhard und Lackner wurde nachfolgend von den gemessenen Werten von Peak II und III der Anteil abgezogen, der dem Portlandzement zugeordnet werden kann. Der Anteil wird als linear über die Austauschrate angenommen. Diese Annahme ist für den w/b-Wert von 0.45 realistischer, da bei einem Wert von 0.35 und steigenden Hüttensandgehalten für den Portlandzement verhältnismäßig mehr Wasser zur Reaktion zur Verfügung steht. Somit nimmt der Anteil an Portlandzement nicht linear mit der Änderung der Austauschrate ab. Die Ergebnisse der addierten Werte für Peak II und III sind für die Hüttensandreaktion in Abb. 110 bis Abb. 112 dargestellt.

Im Gegensatz zu den Beobachtungen von Meinhard und Lackner, die eine Aluminiumreaktion unabhängig vom Hüttensandgehalt festgestellt haben, liegt in dieser Arbeit ein steigender Verlauf bei der Erhöhung des Hüttensandanteils vor. Wahrscheinlich liegen die Abweichungen der Ergebnisse darin begründet, dass Meinhard und Lackner in ihrer Studie die Hydratationswärmeentwicklung in den ersten zehn Stunden mit der Aluminiumreaktion in Verbindung gebracht haben. In dieser Arbeit sind die betrachteten Hydratationszeiten wesentlich länger.

---

[308] *Meinhard / Lackner*, 2008: 799.

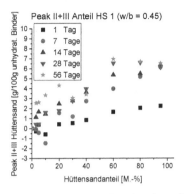

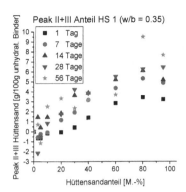

Abb. 110: Peak II+III Hüttensandanteil (HS 1 w/b = 0.45).

Abb. 111: Peak II+III Hüttensandanteil (HS 1 w/b = 0.35).

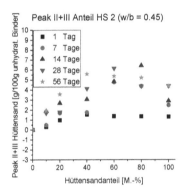

Abb. 112: Peak II+III Hüttensandanteil (HS 2 w/b = 0.45).

Für HS 1 liegt für beide w/b-Werte ein steigender Verlauf mit zunehmendem Hüttensandanteil vor. Des Weiteren erhöhen sich die Werte annähernd im Zeitverlauf. Bei dem w/b-Wert von 0.35 ist der Gehalt von Peak II und III nach 28 Tagen teilweise höher als nach 56 Tagen. Scheinbar werden die betrachteten Reaktionsprodukte nach einiger Zeit wieder abgebaut, wenn kein zusätzliches Wasser zur Reaktion zur Verfügung steht. Auffällig ist zudem, dass sich die Verläufe von 14 und 28 Tagen bei HS 1 und HS 2 mit w/b-Werten von 0.45 etwa bei 30 M.-% Hüttensand überschneiden. Bis zu diesem Hüttensandgehalt scheinen die Produkte im Zeitverlauf wieder abgebaut zu werden, darüber hinaus werden bis zum 28. Tag neue gebildet. Dies lässt darauf schließen, dass sich die aluminium- und magnesiumreichen Reaktionsprodukte des Hüttensandes mit Produkten des Portlandzementes reagieren.

Für die Auswertung der eingangs beschriebenen, festigkeitsbildenden CSH-Phasen wird der Temperaturbereich zwischen 40 und 600 °C betrachtet. Der Masseverlust in diesem Temperaturintervall resultiert aus dem Herauslösen von chemisch gebundenem Wasser aus dem System. Von dem kompletten Masseverlust zwischen 40 und 600 °C wird der Verlust abgezogen, der der Reaktion des Calciumhydroxides zugeordnet werden kann. Des Weiteren werden die oben beschriebenen Peaks II und III abgezogen, da diese wie zuvor erwähnt, anderen Prozessen zugeordnet werden können. Peak I wird nicht subtrahiert, da dieser der Bildung von CSH-Phasen zugeordnet wurde.

Diese getroffenen Annahmen verstehen sich als eine Vereinfachung. Der Prozess, der zwischen 325 °C und dem Peak von Calciumhydroxid leicht erkennbar ist, wird nicht näher betrachtet. Er zeigt eine zu schwache Ausprägung. Zudem ist es denkbar, dass Peak II und III auch chemisch gebundenes Wasser aus den CSH-Phasen beinhalten. Des Weiteren könnte der Einbezug des Temperaturbereiches von 40 bis 105 °C die Ergebnisse etwas verfälschen.

Mithilfe der zur Annäherung getroffenen Annahmen lassen sich jedoch gut interpretierbare Verläufe der Bildung von CSH-Phasen darstellen. Die Ergebnisse beziehen sich jeweils auf 100 g unhydratisierten Binder.

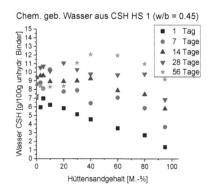 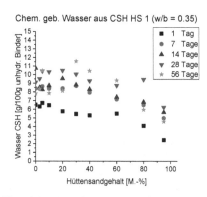

Abb. 113: CSH-Phasen HS 1 w/b = 0.45.   **Abb. 114:** CSH-Phasen HS 1 w/b = 0.35.

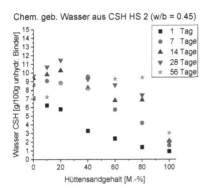

Abb. 115: CSH-Phasen HS 2 w/b = 0.45.

Wie zu erwarten steigt der Gehalt an chemisch gebundenem Wasser aus den CSH-Phasen im Zeitverlauf an. Nach dem siebten Tag ist ein fallender Verlauf mit steigendem Hüttensandgehalt zu verzeichnen. Bei HS 1 ist ab dem 14. Tag zunächst ein Anstieg bzw. ein konstanter Verlauf der CSH-Phasen bis zu einer Austauschrate von etwa 40 M.-% zu erkennen. Dies ist auf die latent hydraulische Reaktion von Hüttensand zurückzuführen, die in dieser Zeit die Eigenschaften der Leimprobe prägt. Es kommt zu einer vermehrten Bildung von CSH-Phasen. Mit höheren Hüttensandgehalten nehmen diese jedoch ab. Dies könnte daraus resultieren, dass für die Hüttensandreaktion zu wenig Portlandzementklinker zur Anregung zur Verfügung steht. Auffällig ist weiterhin das Erreichen eines Maximums an CSH-Phasen nach 56 Tagen bei 40 M.-% HS 1 (w/b-Wert 0.45).

Bei HS 2 kann eine Zunahme der CSH-Phasen bei geringen Hüttensandgehalten - bis 30 bzw. 40 M.-% - schon nach dem siebten Tag beobachtet werden. Die schneller einsetzende Hüttensandreaktion könnte durch die feinere Mahlung des Ausgangsstoffes verursacht sein.

Abb. 116 bis Abb. 119 dienen der Veranschaulichung des Unterschiedes der beiden w/b-Werte von HS 1.

Ähnlich wie schon bei der Auswertung des gesamten chemisch gebundenen Wassers beobachtet wurde, weisen die Proben mit einem w/b-Wert von 0.35 nach dem ersten und dem siebten Tag tendenziell höhere Gehalte an CSH-Phasen auf als diese mit einem höheren w/b-Wert. Für diese Beobachtung liegt keine Erklärung vor. Ab dem 14. Tag enthalten die Leimmischungen mit höherem w/b-Wert mehr CSH-Phasen.

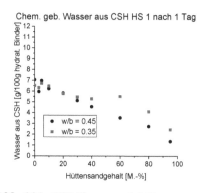

Abb. 116: CSH-Phasen nach 1 Tag (HS 1).

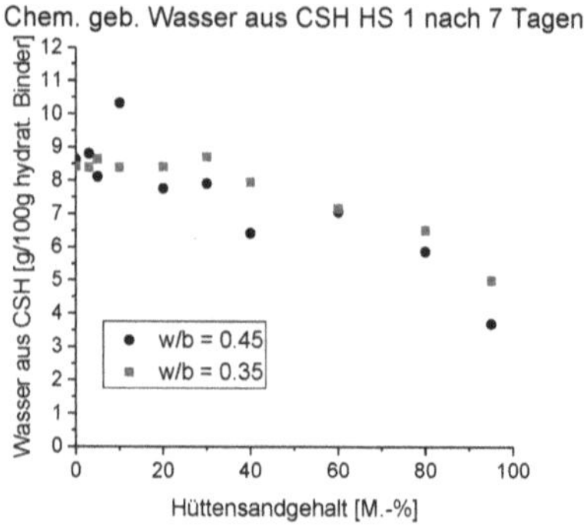

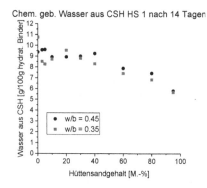

Abb. 118: CSH-Phasen nach 14 Tagen (HS 1).

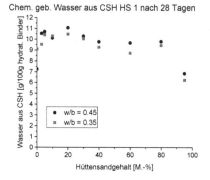

Abb. 117: CSH-Phasen nach 7 Tagen (HS 1).

Abb. 119: CSH-Phasen nach 28 Tagen (HS 1).

8.2.4 Calciumcarbonat

Calciumcarbonat bildet sich in Zementleim durch die Reaktion von Calciumhydroxid aus dem Porenwasser und Kohlenstoffdioxid aus der Luft. Die Reaktion kann wie folgt zusammengefasst werden:

$$Ca(OH)_2 + CO_2 \rightarrow CaCO_3 + H_2O \qquad (8.9)$$

Für die Analyse der TG-Kurvenverläufe über 600 °C spielt vor allem die Reaktion von Calciumcarbonat eine bedeutende Rolle. In der Literatur werden für diese Reaktion Temperaturbereiche zwischen 600 und 900 °C angegeben. Gruyaert, Robeyst und De Belie nennen einen Wert von 650 °C, Alarcon-Ruiz und Platret et al. geben 700 bis 900 °C an, Belie und Krathy et al. 670 bis 700 °C, Pane und Hansen 600 bis 780 °C und Scrivener, Snellings und Lothenbach nennen einen Bereich von 600 bis 800 °C[309]. Bei der eigenen Messung von 99 %-igem Calciumcarbonat konnte der Masseverlust in einem Temperaturbereich von 600 bis 900 °C nachgewiesen werden. Das Ergebnis ist in Abb. 120 dargestellt.

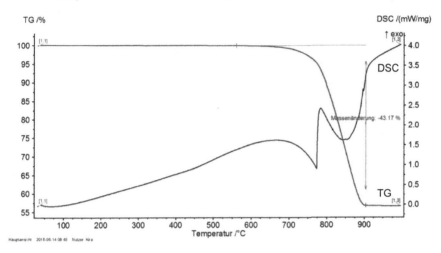

Abb. 120: TGA - Calciumcarbonat TG, DSC.

Der Zerfall von Calciumcarbonat wird mit folgender Reaktionsgleichung beschrieben:

$$CaCO_3 \rightarrow CaO + CO_2 \qquad (8.10)$$

Die Molmasse von Calciumcarbonat beträgt etwa 100 g/mol, die von Calciumoxid 56 g/mol und von Kohlenstoffdioxid 44 g/mol. Kohlenstoffdioxid ist bei der Reaktion die flüchtige Komponente, sodass sich der theoretische Masseverlust zu

$$\frac{44}{100} = 0.44 \quad \text{berechnet, was 44 M.-% entspricht.} \qquad (8.11)$$

Der aus der thermogravimetrischen Analyse ermittelte Masseverlust beträgt 43.17 M.-%.

Beim Vergleich der DTG-Kurven beider Hüttensande fällt auf, dass HS 1 stärker ausgeprägte Peaks in dem für Calciumcarbonat relevanten Temperaturbereich aufweist. Dies kann aus einer längeren Lagerungsdauer von HS 1 resultieren. Abb. 121 zeigt diese Beobachtung exemplarisch an den Proben mit einem w/b-Wert von 0.45 und einem Hüttensandgehalt von 80 M.-% nach 14 Tagen.

---

[309] *Gruyaert / Robeyst / De Belie*, 2010: 944; *Alarcon-Ruiz / Platret* et al., 2005: 610; *Belie / Krathy* et al., 2010: 1725; *Pane / Hansen*, 2005: 1157; *Scrivener / Snellings / Lothenbach*, 2016: 190.

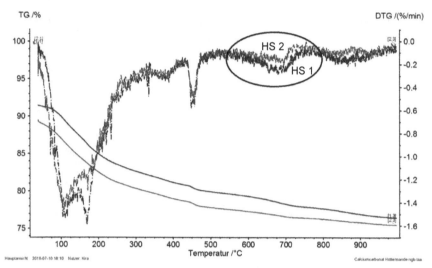

Abb. 121: TGA - Calciumcarbonat w/b = 0.45 80 M.-% nach 14 Tagen HS 1, HS 2.

HS 1 ist in blau dargestellt, HS 2 in grün.

Im Vergleich des gleichen Hüttensandes zu unterschiedlichen Zeitpunkten der Hydratation und mit verschiedenen Austauschraten in der Leimmischung konnten bezüglich des Calciumcarbonatgehaltes keine großen Auffälligkeiten ausgemacht werden. In Abb. 122 ist dies exemplarisch an HS 1 gezeigt.

Der rote Verlauf zeigt die Messung der Probe mit 80 M.-% Hüttensand nach 28 Tagen. Die grüne und blaue Kurve beschreibt den DTG-Verlauf der Mischungen mit 20 und 60 M.-% nach 14 Tagen.

Auch beim Vergleich der beiden w/b-Werte können keine großen Unterschiede im Calciumcarbonatgehalt festgestellt werden. Abb. 123 stellt die Kurvenverläufe beider w/b-Werte der Proben mit einem Hüttensandgehalt von 30 M.-% nach 14 Tagen gegenüber.

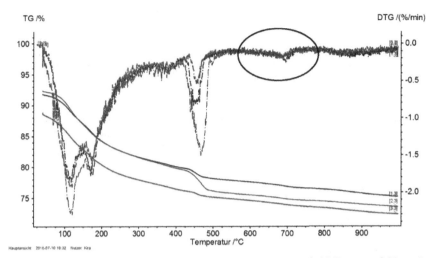

Abb. 122: TGA - Calciumcarbonat HS 1 w/b = 0.45 (80 M.-% nach 28 Tagen und 20 sowie 60 M.-% nach 14 Tagen).

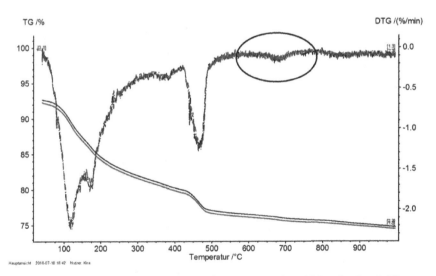

Abb. 123: TGA - Calciumcarbonat HS 1 nach 14 Tagen (w/b = 0.35 und w/b = 0.45).

8.3 Modell Calciumhydroxidgehalt

Sehr auffällig war bei der Auswertung der Messungen, dass sich der Calciumhydroxidgehalt der Leimmischungen mit steigendem Hüttensandgehalt bis zum 365. Tag nahezu linear verhält. Wie unter 8.2.1. gezeigt, kann zudem der zeitliche Verlauf des Calciumhydroxides durch das logarithmieren der Tage annähernd linearisiert werden.

Aus diesen Beobachtungen resultierte die Idee, den Gehalt an Calciumhydroxid in der Leimprobe mithilfe einer linearen Regression darzustellen. Hierfür wurden die auf 600 °C normierten Daten des Calciumhydroxides für beide Hüttensande und bezüglich HS 1 getrennt nach den beiden w/b-Werten verwendet.

Das gewählte Modell hat die folgende Form:

$$Ca(OH)_2 \left[\frac{g}{100g \text{ unhydrat. Binder}} \right] = \beta_0 + \beta_1 \cdot HS + \beta_2 \cdot \log(T) \tag{8.12}$$

In der Formel bezeichnet HS den Hüttensandgehalt der ursprünglichen Mischung in M.-% und T gibt die Hydratationsdauer in Tagen an.

Die Ergebnisse der Regressionsanalyse werden in Tab. 10 aufgelistet:

Tab. 10: Regressionsanalyse Calciumhydroxidgehalt.

Hüttensand	w/b-Wert	β_0	β_1	β_2	R^2
HS 1	0.35	16.71	-0.20	1.07	0.9485
HS 1	0.45	18.02	-0.22	1.05	0.9493
HS 2	0.45	19.42	-0.23	0.85	0.9632

Wie zu erwarten, ist der Parameter β_1 negativ, da mit steigendem Hüttensandanteil der Calciumhydroxidgehalt in der Probe abnimmt. β_2 ist in dem betrachteten Zeitintervall - bis zu 365 Tagen - positiv, da der Gehalt an Calciumhydroxid im zeitlichen Verlauf tendenziell zunimmt.

Der Anfangswert β_0 ist bei einem höheren w/b-Wert größer. Dies lässt darauf schließen, dass durch die Steigerung des w/b-Wertes mehr Calciumhydroxid von dem Portlandzement gebildet wird. Anzumerken ist, dass zum Zeitpunkt Null nur das Calciumhydroxid in der Mischung vorliegt, welches sich durch eine vorzeitige Hydratation - bedingt durch die Lagerung - in den Ausgangsstoffen befindet. Diesen Gehalt kann das Modell nicht bestimmen.

β_2 ist bei den unterschiedlichen w/b-Werten für HS 1 annähernd gleich. Wird die Hydratationsdauer in Tagen um 1 % erhöht, steigt der Gehalt an Calciumhydroxid in der Mischung um den Wert von β_2 in g pro 100 g unhydratisiertem Binder.

Bei HS 2 ist β_0 größer als für HS 1. Dies könnte daraus resultieren, dass HS 2 feiner gemahlen ist. Die gleiche Überlegung würde zudem den kleineren Wert von β_2 erklären, da im zeitlichen Verlauf mehr Calciumhydroxid von feinerem Hüttensand verbraucht wird.

Auffällig ist zudem, dass für beide Hüttensande mit einem w/b-Wert von 0.45 die Parameter β_1 von -0.22 und -0.23 sehr nahe beieinander liegen. Das bedeutet, dass der Calciumhydroxidgehalt um 0.22 g (0.23 g) pro 100 g unhydratisierten Binder sinkt, wenn der Hüttensandgehalt um ein Masseprozent erhöht wird. Der Wert ist für den niedrigeren w/b-Wert von 0.35 kleiner. Dieses Ergebnis lässt vermuten, dass die Anregung der Hüttensandreaktion bei kleinerem w/b-Wert reduziert ist.

Das R^2-Maß liegt für die Regressionen jeweils zwischen 94.85 und 96.32 %.

Dieses kleine Modell ist eine starke Vereinfachung der Reaktionsvorgänge in Portlandzement-Hüttensand-Gemischen. Es besitzt keine Allgemeingültigkeit, da die komplexen Reaktionen beider Ausgangsstoffe von vielen weiteren Faktoren beeinflusst werden.

Es zeigt jedoch grundlegende Tendenzen auf und fasst einige Ergebnisse aus den thermogravimetrischen Analysen dieser Arbeit vereinfacht zusammen.

9 Fazit

In der vorliegenden Arbeit wurde die Reaktivität von Hüttensand mithilfe der thermogravimetrischen Analyse untersucht. Dieses Verfahren stellte sich als besonders geeignet zur Quantifizierung von Hydratationsprodukten in Leimmischungen dar. Sehr gut auszuwerten war der Gehalt an Calciumhydroxid in den Proben. Mithilfe der Messergebnisse konnte ein teilweise puzzolanisches Verhalten von Hüttensand nachgewiesen werden. Zusätzlich wären jedoch weitere Messungen, beispielsweise mittels XRD, sinnvoll, um genauere Aussagen über die gebildeten Produkte treffen zu können. Dies würde die Zuordnung der Stoffe zu den gemessenen Masseänderungen in unterschiedlichen Temperaturintervallen vereinfachen und konkretisieren.

Das Modell zur Bestimmung des Calciumhydroxidgehaltes folgt der Idee, einfache Anwendungswerkzeuge zu schaffen, mithilfe derer Aussagen über gebildete Reaktionsprodukte getroffen werden können. Dadurch könnten im Idealfall die Ausprägungen verschiedener Eigenschaften des Betons bestimmt werden. Für das Beispiel von Calciumhydroxid könnte dies die Beurteilung des Ausmaßes einer eventuell auftretenden Alkali-Kieselsäure-Reaktion sein. Somit wären Aussagen über die Dauerhaftigkeit des Materials möglich.

Das in dieser Arbeit vorgestellte Modell stellt lediglich ein kleines Beispiel zu dieser Thematik dar. Komplexere Modelle zu weiteren Hydratationsprodukten von Zement-Hüttensand-Gemischen wären denkbar.

Wünschenswert wäre es, die Reaktivität der Ausgangsstoffe einer Betonmischung in den Entwurf mit einzubeziehen. Dadurch könnte das Potential von Zusatzstoffen, wie beispielsweise des hier analysierten Hüttensandes, effizienter genutzt werden. Vor dem Hintergrund der weitreichenden ökologischen Vorteile und der wachsenden Relevanz der Ressourcenschonung, wäre dies von besonderem Interesse für die Bauindustrie.

Festzuhalten ist jedoch, dass Hüttensand produktionsbedingt regionale Unterschiede in den Eigenschaften aufweist, was eine Allgemeingültigkeit der Untersuchungen erschwert.

Aufgrund der umfangreichen Thematik und der sehr komplexen Reaktionen und Wechselwirkungen der Ausgangsstoffe, besteht diesbezüglich weiterer Forschungsbedarf. Um die Reaktionsmechanismen im Gesamten zu analysieren und in Bezug zu den resultierenden Eigenschaften des Betons setzen zu können, sind zahlreiche weitere Versuche notwendig.

Literaturverzeichnis

Alarcon-Ruiz, Lucia / Platret, Gerard / Massieu, Etienne / Ehrlacher, Alain: Cement and Concrete Research: The use of thermal analysis in assessing the effect of temperature on a cement paste, Marne / Paris 2005

Alonso, M. / Sainz, E. / Lopez, F.A. / Medina, J.: Journal of materials science letters 13: Devitrification of granulated blast furnace slag and slag derived glass powders, Madrid + Valladolid 1994

Antao, Sytle M. / Duane, Michael J. / Hassan, Ishmael: The Canadian Mineralogist: DTA, TG and XRD studies of sturmanite and ettringit, New York + Kuwait + Jamaica 2002

Barnett, S.J. / Soutsos, M.N. / Millard, S.G. / Bungey, J.H.: Cement and Concrete Research: Strength development of mortars containing ground granulated blast-furnace slag: Effect of curing temperature and determination of apparent activation energies, Liverpool 2005

Bruckmann, Joachim: Beton-Information 2/3 – 2004: Einfluss der Rohstoffauswahl auf die Eigenschaften von hüttensandhaltigen Zementen, Dortmund 2004

Buchwald, A. / Stephan, Dietmar et al.: Materials and Structures: Effect of slag chemistry on the hydration of alkali-activated blast-furnace slag, 2015

Castellano, C.C. / Bonavetti, V.L. et al.: Construction and Building Materials: The effect of w/b and temperature on the hydration and strength of blastfurnace slag cements, 2016

Chen, Wei: Dissertation: Hydration of Slag Cement – Theory, Modeling and Application, Twente 2007

Chen, W. / Brouwers, H.J.H.: Springer Science+Business Media: The hydration of slag, part 2: reaction models for blended cements, Twente 2006

DAfStb: Beuth Verlag GmbH (Deutscher Ausschuss für Stahlbeton): Hüttensandmehl als Betonzusatzstoff – Sachstand und Szenarien für die Anwendung in Deutschland, Berlin 2007

De Belie, N. / Kratky, J. / Van Vlierberghe, S.: Cement and Concrete Research: Influence of puzzolans and slag on the microstructure of partially carbonated cement paste by means of water vapour and nitrogen sorption experiments and BET calculations, Ghent 2010

De Schutter, Geert: Cement and Concrete Research: Hydration and temperature development of concrete made with blast-furnace slag cement, 1999

Ehrenberg, Andreas / Feldrappe, V. / Roggendorf, H. / Dathe, M.: Institut für Baustoff Forschung e.V.: Report – Die Glasstruktur von Hüttensanden und ihr Einfluss auf baustoffrelevante Eigenschaften, Duisburg 2015

Ehrenberg, Andreas: Beton-Information 4 - 2006: Hüttensand – Ein leistungsfähiger Baustoff mit Tradition und Zukunft (Teil 1), Duisburg-Rheinhausen 2006

Ehrenberg, Andreas: Beton-Information 5 - 2006: Hüttensand – Ein leistungsfähiger Baustoff mit Tradition und Zukunft (Teil 2), Duisburg-Rheinhausen 2006

Ehrenberg, Andreas: Verlag Bau+Technik GmbH (Beton-Information 3/4 – 2010): Hüttensandmehl als Betonzusatzstoff – Aktuelle Situation in Deutschland und Europa, Düsseldorf 2010

Ehrenberg, Andreas: Institut für Baustoff Forschung e.V.: Report - Hüttensandmehl als Betonzusatzstoff Typ II, Duisburg 2010

Escalante-Garcia, Ivan / Fuentes, Antonio et al.: Journal of the American Ceramic Society: Hydration Products and Reactivity of Blast-Furnace Slag Activated by Various Alkalis, 2003

Escalante-Garcia, Ivan / Mancha, Hector et al.: Cement and Concrete Research: Reactivity of Blast Furnace Slag in Portland Cement Blends Hydrated Under Different Conditions, 2001

Feldrappe, V.: 2. Jahrestagung und 55. Forschungskolloquium des DAfStb (Deutscher Ausschuss für Stahlbeton): Hüttensandmehl als Betonzusatzstoff, Düsseldorf 2014

Gruyaert, E. / Robeyst, N. / De Belie, N.: Journal of Thermal Analysis and Calorimetry: Study of the hydration of Portland cement blended with blast-furnace slag by calorimetry and thermogravimetry, Budapest 2010

Hemminger, W.F. / Cammenga, H.K.: Springer-Verlag: Methoden der Thermischen Analyse, Berlin / Heidelberg 1989

Karlsruher Institut für Technologie: KIT Scientific Publishing: Nachhaltiger Beton – Werkstoff, Konstruktion und Nutzung, Karlsruhe 2012

Kisuma Chemicals: Produktbroschüre: DHT-4A - Acid scavenger for polymers, Veendam

Kocaba, Vanessa / Gallucci, Emmanuel / Scrivener, Karen L.: Cement and Concrete Research: Methods for determination of degree of reaction of slag in blended cement pastes, Lausanne 2012

König, Holger: Dissertation: Untersuchungen zur Kinetik grundlegender Reaktionsschritte bei der Hydratation von Portland- und Hochofenzementen, München 2009

Kolani, B. / Buffo-Lacarrière, L. et al.: Cement & Concrete Composites: Hydration of slag-blended cements, Toulouse 2012

Liu, Shuhua / Bai, Yun et al.: Journal of Thermal Analysis and Calorimetry: Comparing study on hydration properties of various cementitious systems, 2014

Locher, Friedrich W.: Verlag Bau+Technik GmbH: Zement – Grundlagen der Herstellung und Verwendung, Düsseldorf 2000

Meinhard, Klaus / Lackner, Roman: Cement and Concrete Research: Multiphase hydration model for prediction of hydration-heat release of blended cements, Wien / München 2008

Meng, Birgit / Schneider, Christian: Conference Paper: Mineralogy of slag and significance for reactivity in cement, 2000

Meyer, Oliver: Dissertation: Entwicklung basischer Feststoffkatalysatoren für industrielle Anwendungen, Oldenburg 2011

Müllauer, Wolfram: Dissertation: Mechanismen des Sulfatangriffs auf Beton – Phasenneubildungen und Expansionsdrücke in Mörteln unter Na2SO4 Belastung, München 2013

Mukherjee, Abhijit et al.: Cement and Concrete Research: Investigation of Hydraulic Activity of Ground Granulated Blast Furnace Slag in Concrete, 2003

Özbay, Erdogan / Erdemir, Mustafa / Durmus, Halil Ibrahim: Construction and Building Materials: Utilization and efficiency of ground granulated blast furnace slag on concrete properties – A review, 2015

Pane, Ivindra / Hansen, Will: Cement and Concrete Research: Investigation of blended cement hydration by isothermal calorimetry and thermal analysis, Lausanne / Michigan 2005

Pietersen, Hans Sierd: Dissertation: Reactivity of fly ash and slag in cement, Delft 1993

Ramachandran, V. S. / Beaudoin, James J.: Noyes Publications: Handbook of analytical techniques in concrete science and technology - Principles, Techniques and Applications, 2001

Reschke, Thorsten / Siebel, Eberhard / Thielen, Gerd: Artikel: Einfluß der Granulometrie und Reaktivität von Zement und Zusatzstoffen auf die Festigkeits- und Gefügeentwicklung von Mörtel und Beton, Düsseldorf und Karlsruhe 1999

Schneider, Christian: Verein Deutscher Zementwerke e.V.: Zur Konstitution von Hüttensand, seiner quantitativen Bestimmung und seinem Festigkeitsbeitrag im Zement, Düsseldorf 2009

Schneider, Christian: Conference Paper: Charakterisierung von Zementbestandteilen, 2006

Schneider, Martin / Meng, Birgit: Artikel: Ressourcenschonung bei der Zementherstellung am Beispiel des Einsatzes von Hüttensand, Düsseldorf 2002

Schneider, Christian / Meng, Birgit: Conference Paper: Microscopical investigation of crystalline structures in blast furnace slag glasses using cathodoluminescence, 2001

Scrivener, Karen / Snellings, Ruben / Lothenbach, Barbara: CRC Press Taylor & Francis Group: A Practical Guide to Microstructural Analysis of Cementitious Materials, Boca Raton 2016

Stark, Jochen / Wicht, Bernd: Bauverlag GmbH: Geschichte der Baustoffe, Berlin 1998

Stephant, Sylvain / Chomat, Laura et al.: Conference Paper: Influence of the slag content on the hydration of blended cements, 2015

Tan, Zhijun / De Schutter, Geert et al.: Construction and Building Materials: Influence of Particle Size on the Early Hydration of Slag Particle Activated by Ca(OH)2 Solution, 2014

Thienel, K.-Ch.: Universität München: Baustoffkreislauf – Eisenhüttenschlacken und Hüttensand, München 2010

Tigges, Vera Elisabeth: Verein Deutscher Zementwerke e.v.: Die Hydratation von Hüttensanden und Möglichkeiten ihrer Beeinflussung zur Optimierung von Hochofenzementeigenschaften, Düsseldorf 2010

Verein Deutscher Zementwerke e.v.: Leistungsfähigkeit von Zement, VDZ-Tätigkeitsbericht 2003-2005

Verein Deutscher Zementwerke e.v.: Verlag Bau+Technik GmbH: Zement Taschenbuch 2002, Düsseldorf 2002

Wang, Xiao-Yong / Lee, Han-Seung: Cement and Concrete Research: Modeling the hydration of concrete incorporation fly ash or slag, Korea 2010

Wang, Xiao-Yong / Lee, Han-Seung et al.: Cement & Concrete Composites: A multi-phase kinetic model to simulate hydration of slag-cement blends, Korea / US 2010

Whittaker, Mark / Haha, Ben Mohsen et al.: Cement and Concrete Research: m the Alumina Content of Slag, Plus the Presence of Additional Sulfate on the Hydration and Microstructure of Portland Cement-Slag Blends, 2014

http://www.schwenk-zement.de/de/Dokumente/Broschueren/Allgemeine-Informationen/Betontechnische-Daten-2013.pdf (05.06.2016)

https://www.vdz-online.de/themen/zement/geschichte-bindemittel/geschichte-des-zements/ (23.05.2016)

http://www.bmub.bund.de/filead-in/Daten_BMU/Pools/Broschueren/klimaschutz_in_zahlen_bf.pdf (13.09.2017)

Anhang A: Tabelle Normalzemente (DIN EN 197-1)

Haupt-arten	Bezeichnung der 35 Produkte (Normalzementarten)		Zusammensetzung (Massenanteile in Prozent[a])									Neben-bestand-teile
			Hauptbestandteile									
							Puzzolan		Flugasche			
			Klinker	Hüttensand	Silicastaub	natürlich	natürlich getempert	kiesel-säurereich	kalkreich	gebrannter Schiefer	Kalkstein	
			K	S	D[b]	P	Q	V	W	T	L · LL	
CEM I	Portlandzement	CEM I	95-100									0-5
CEM II	Portlandhüttenzement	CEM II/A-S	80-84	6-20								0-5
		CEM II/B-S	65-79	21-35								0-5
	Portlandsilicastaub-zement	CEM II/A-D	90-94		6-10							0-5
	Portlandpuzzolan-zement	CEM II/A-P	80-94			6-20						0-5
		CEM II/B-P	65-79			21-35						0-5
		CEM II/A-Q	80-94				6-20					0-5
		CEM II/B-Q	65-79				21-35					0-5

Hauptzementart	Kurzbezeichnung	Klinker (K)	S	D	P	V	W	T	L	LL	Nebenbestandteile
Portlandflugasche-zement	CEM II/A-V	80-94				6-20					0-5
	CEM II/B-V	65-79				21-35					0-5
	CEM II/A-W	80-94					6-20				0-5
	CEM II/B-W	65-79					21-35				0-5
Portlandschiefer-zement	CEM II/A-T	80-94						6-20			0-5
	CEM II/B-T	65-79						21-35			0-5
Portlandkalkstein-zement	CEM II/A-L	80-94							6-20		0-5
	CEM II/B-L	65-79							21-35		0-5
	CEM II/A-LL	80-94								6-20	0-5
	CEM II/B-LL	65-79								21-35	0-5
	CEM II/A-M	80-88	12-20								0-5
	CEM II/B-M	65-79	21-35								0-5
Portlandkomposit-zement [c]	CEM II/C-M (S-L)	50-64	16-44						6-20		0-5
	CEM II/C-M (S-LL)	50-64	16-44							6-20	0-5
	CEM II/C-M (P-L)	50-64			16-44				6-20		0-5

Hauptzementart	Bezeichnung	Kurzzeichen									0–5
		CEM II/C-M (P-LL)	50-64		16-44					6-20	0-5
		CEM II/C-M (V-L)	50-64				16-44	6-20			0-5
		CEM II/C-M (V-LL)	50-64				16-44			6-20	0-5
CEM III	Hochofenzement	CEM III/A	35-64	36-65							0-5
		CEM III/B	20-34	66-80							0-5
		CEM III/C	5-19	81-95							0-5
CEM IV	Puzzolanzement [c]	CEM IV/A	65-89			11-35					0-5
		CEM IV/B	45-64			36-55					0-5
CEM V	Hüttensand-Puzzolan-Zement	CEM V/A	40-64	18-30		18-30					0-5
		CEM V/B	20-38	31-49		31-49					0-5
CEM VI	Kompositzement [c]	CEM VI (S-L)	35-49	31-59				6-20			0-5
		CEM VI (S-LL)	35-49	31-59						6-20	0-5

[a] Die Werte in der Tabelle beziehen sich auf die Summe der Haupt- und Nebenbestandteile.

[b] Der Anteil an Silicastaub ist auf 10 % begrenzt.

[c] In den Portlandkompositzementen CEM II/A-M, CEM II/B-M und CEM II/C-M, in den Puzzolanzementen CEM IV/A und CEM IV/B, in den Hüttensand-Puzzolan-Zementen CEM V/A und CEM V/B und in den Kompositzementen CEM VI müssen die Hauptbestandteile, außer Klinker, durch die Bezeichnung des Zementes angegeben werden.

Printed in the United States
By Bookmasters